中国海带产业发展研究

2018

主　编　刘　涛

副主编　刘忠松　翁祖桐　景福涛　李雪梅

中国海洋大学出版社

·青岛·

图书在版编目（CIP）数据

中国海带产业发展研究. 2018 / 刘涛主编. —青岛：中国海洋大学出版社，2019.5
ISBN 978-7-5670-2207-2

Ⅰ. ①中… Ⅱ. ①刘… Ⅲ. ①海带—水产养殖业—产业发展—研究—中国—2018　Ⅳ. ①S968.42

中国版本图书馆CIP数据核字（2019）第088071号

出版发行	中国海洋大学出版社		
社　　址	青岛市香港东路23号	**邮政编码**	266071
出 版 人	杨立敏		
网　　址	http://pub.ouc.edu.cn		
订购电话	0532-82032573（传真）		
责任编辑	姜佳君		
电子信箱	j.jiajun@outlook.com		
电　　话	0532-85901984		
印　　制	青岛正商印刷有限公司		
版　　次	2019年5月第1版		
印　　次	2019年5月第1次印刷		
成品尺寸	140 mm × 203 mm		
印　　张	4.875		
字　　数	81千		
印　　数	1～1300		
定　　价	38.00元		

如有印刷质量问题，请与印厂联系，电话18661627679

《中国海带产业发展研究2018》
编委会

序 FOREWORD

　　中国海带养殖产量已连续28年位居全球首位，为全球海藻产业的发展做出了重要的贡献并具有产业支配性地位。20世纪50年代初期，中国率先突破了海带全人工养殖技术并在全球开创了全人工海水养殖业发展的先河；"海带南移养殖"进一步把海带养殖区域从北方地区最南拓展至福建和广东，形成了中国海水养殖业的第一次浪潮；海带遗传理论的建立及其育种应用，开辟了中国海带产业乃至全世界海水养殖业的良种化养殖进程；海带制碘业的自主发展进一步促进了海带养殖业的发展和海藻化工业的兴起。进入21世纪以来，一批高产优质海带新品种的培育以及海带食品加工业的快速发展，为中国海带产业的转型升级发展注入了新的活力。中国海带产业的发展历程充分印证了科技创新的重大贡献。本系列书籍包括了产业发展研究、苗种繁育技术和养殖技术等分册，以图文并茂的方式总结了中国现代海带产业的基本面貌与工艺技术，既可作为实用性的技术培训手册，也颇具学术参考价值，将有助于进一步传播和推广最新的海带产业知识与技术，为国家渔业绿色发展和沿海乡村振兴建设做出更多的贡献。

中国工程院院士

2019年4月16日

前 言 PREFACE

　　海带作为迄今综合开发用途最多的海藻，被广泛地应用于食品、医药保健、印染、水产动物饲料、农业肥料等领域。海带产业对中国乃至全世界水产业和海洋生物产业发展具有极其重要的"奠基者"作用。中国海带育苗、养殖、食品加工、海藻化工的产量和产值均居国际首位，规模化的海带养殖不仅对于渔民就业和增收具有重要的社会效益，而且具有缓解海水富营养化、扩大养殖容量等重要的生态价值。因此，海带产业兼具生态、经济和社会等多重意义，是中国实现沿海地区乡村振兴和渔业绿色发展最具代表性的产业之一。为促进中国海带产业的可持续健康发展，国内多家教育科研机构、渔业推广单位和产业协会联合开展了中国海带产业调研工作，并得到了国家农业产业技术体系（藻类）、山东省海带价格指数编制团队、山东省现代农业产业技术体系藻类创新团队、全国水产养殖渔情监测（海带）团队的大力支持，在辽宁省、山东省和福建省召开调研会议7次，现场调研23家大中型企业，完成问卷调查37份。通过调研和数据分析，我们编撰了《中国海带产业发展研究2018》一书。本书梳理了当前中国海带产业结构与发展状况，并针对面临的形势和问题提出了发展建议，以期为中国海带产业的可持续发展提供绵薄之力。

编　者

2019年3月10日

目 录 CONTENTS

第一篇 中国海带产业发展历史

海带在国际渔业生产中是褐藻纲（Phaeophyceae）海带目（Laminariales）海带科（Laminariaceae）多个物种的统称，英文名称为kelp。全球海带产量主要来自少数几个养殖的物种，包括海带（*Saccharina japonica*，原名为*Laminaria japonica*）、糖海带（*S. latissima*，原名为*L. saccharina*）等。在中国、日本、韩国和朝鲜进行了大规模的海带养殖，而加拿大、美国和欧洲则仅有小规模的糖海带养殖。在法国和英国等国家，野生的极北海带（*L. hyperborea*）和掌状海带（*L. digitata*）也被作为渔获物进行海藻化工加工，如生产海藻肥。

海带是迄今综合开发用途最广的海产品。尤其是在食品领域，海带被广泛地用于生产各种蔬菜食品，大部分的海带被干燥或盐渍作为蔬菜，用于凉拌、煮汤、炖菜等，或用于生产各种调味料（如酱油）。海带含有大约10%的蛋白质和丰富的碘，在20世纪中后期，中国曾使用海带生产加碘盐作为膳食补充物来预防甲状腺肿。在亚洲，海带用于医药和食品的历史已长达1 500年。全球海产动物养殖业的发展也促进了海带作为饲料的应用，在中国、韩国、日本等国家，海带已成为鲍、海胆、海参等水产动物养殖的主要鲜活饲料。海带精深加工生产的褐藻酸钠、岩藻多糖硫酸酯、岩藻黄素、碘、甘露醇等产品，在医药保健、生物材料、纺织印染、食品、化妆品等领域也具有非常广泛的用途。同时，海带养殖业作为无环境污染的海洋农业产业，不仅可以促进就业和增加收入，具有重要的社会效益与经济效益，而且养殖期间海带具有固定二氧化碳、缓解海水富营养化、扩大生态容量等重要的生态价值。

1 海带育苗和养殖业发展历程

海带养殖最早开始于20世纪50年代早期的中国和日本。海带并非是中国原产物种，但据考证，早在五代时期的《海药本草》中就有关于海带的记载。19世纪初期，在中国大连海域首次发现了海带的分布。中华人民共和国成立后，中国科学家和产业单位联合攻关，先后突破了海带自然光夏苗培育、海带筏式养殖和海带施肥养殖等关键技术，建立了海带全人工养殖技术，使得国际海洋渔业首次实现了从自然采捕和增殖向全人工养殖的发展，开创了全球海水养殖业的先河。中国的海带年产量也从1952年的22.3吨快速增长至1958年的6 253吨，同期中国海藻产业对全球海藻产量贡献达到了15%（联合国粮食及农业组织，2004）。1956年开展的"海带南移养殖"工作进一步把海带养殖区域从辽宁、山东向南拓展至江苏、浙江、福建和广东，中国至今仍保持着海带最低纬度的养殖纪录。海带南移养殖工作在东部沿海的江苏、浙江、福建兴建了一批育苗场，有力地支持了当地的海带养殖业发展，并支撑国家海带产业形成了中国海水养殖的第一次浪潮。20世纪60年代，中国科学家首次开展了海带遗传和育种研究工作，培育出了国际上第一个海水养殖生物新品种——"海青一号"海带，开辟了中国海带良种化栽培的历程。此后，选择育种、单倍体育种、杂交育种和远缘杂交育种、杂种优势利用等育种技术的建立，以及"单海1号""单杂10号""860""远杂10号"等海带新品种的培育，进一步提升了中国海带养殖产量，并为中国海藻化工业发展提供了重要的优质加工原料保障。由于海带人工栽培技术的发展以及优良品种的应用，中国海藻产业于20世纪80年代首次超过日本，中国成为全球海藻养殖第一大国，至今一直保持着全球领先地位。20世纪末期以来，中国海洋大学、山东东方海洋科技股份有限公司、中国科学院海洋研究所、中国水产科学研究院黄海水产研究所等单位培育的"901""荣福""东方2号""东方3号""东方6号""爱伦湾""黄官""东方7号""三海""205"海带等10个国家水产新品种及其养殖推广，进一步推动新世纪中国海带产业的健康优质发展。同时，海带食品加工技术的发展促进了中国海带加工从化工向食品领域的转型发展；鲍养殖业在山东和福建快速发展，进一步带动了对海带饲料的需求，有效促进了海带养殖业快速发展。联合国粮食及农业组织（FAO）《世界渔业和水产养殖状况（2014）》指出："在中国，从2000年到2012年海藻养殖产量几乎增长一倍，主要高产品种的开发发挥了重要作用。"目前，中国基本形成了北起辽宁大连、南至福建漳州的东部沿海海带产业分布格局，其中福建、山东和辽宁大连是中国海带苗种繁育和养殖的优势产区。

2　海带食品加工业发展历程

中国的海带食品加工早期主要是进行淡干海带的晾晒，在20世纪80年代才开始煮烫海带后进行盐渍海带加工的生产。直至目前，中国海带食品加工仍是以淡干海带和盐渍海带为主，加工的产品类型包括海带丝、海带结、海带卷、海带片、海带条、海带头、软包装海带等，还开发了海带饮料产品。进入21世纪以来，中国生产单位开始加工生产海带面、海带汤、海带酥、海带酱油等新型产品，同时，将盐渍海带进一步烘干生产的干燥海带系列产品也得到了较大的发展。相比较而言，中国的海带食品加工仍以初级加工为主。目前，海带食品加工形成了几个比较独特的产业集群区域：辽宁省大连市主要进行盐渍海带食品加工；山东省烟台市长岛县主要进行淡干海带食品加工；山东省荣成市以及福建省主要进行淡干海带和盐渍海带加工；浙江省主要进行淡干海带加工，仅有少量盐渍海带加工。

3　海带化工业发展历程

中国海带化工业较欧美发达国家起步较晚。1953年，中国首次从海蒿子中成功提取制备出褐藻胶，在1954年提出了较为完整的制备褐藻胶的工艺方法，并于1958年利用海带进行了初步的工业生产。1959年起，中国开始进行利用海带综合提取褐藻胶、甘露醇和碘的工作。20世纪60

年代，出于对碘提取的重大国民需求，国家高度重视海带制碘生产。离子交换树脂法提取碘工艺的突破及相关设备的研制，为全国海带化工制碘的发展打下了坚实的技术基础。至20世纪70年代初期，中国初步摆脱了用碘完全依赖进口的局面。20世纪80年代初期，受国内外形势变化以及产能过剩和产品种类单一的影响，以"碘胶并重，以胶促碘"作为国家发展海带化工业的指导思想，基本上形成了褐藻胶、甘露醇和碘三大类产品。1986年，仅山东省10个海带化工企业生产褐藻胶3 200余吨、甘露醇1 500余吨、碘60余吨，尤其是部分食用褐藻酸钠产品的色度、黏度、不溶物等指标基本达到了国外著名公司的产品水平，使产业发展进入了新时期。至20世纪90年代初期，中国海带化工业企业多达50余家，主要分布在辽宁、山东、江苏、浙江、福建、广东等沿海省市。同时，甘露醇、褐藻胶产品大量出口，分别约占全球贸易总量的16%和30%，居世界首位。21世纪初期，海带化工原料来源发生重大变化。南美智利、阿根廷等国家沿海的巨藻等野生褐藻资源丰富，褐藻胶含量高且成本低廉，进口野生褐藻逐渐取代国内养殖海带成为化工原料。同时，由于从智利进口矿物碘以及工业化合成甘露醇工艺的成熟，利用海带提取的碘和甘露醇在价格上缺乏竞争力，中国海带化工业基本转向以褐藻胶为主要产品。当前，中国海带化工企业主要集中在北方地区的山东省青岛市、日照市、烟台市和江苏省连云港市，主要产品为海藻酸钠和岩藻聚糖硫酸酯，副产品综合开发则包括利用海藻渣生产动物饲料和海藻肥等。尽管目前已有部分岩藻黄素、海带纤维、海带医用产品以及化妆品等新产品的生产开发，但生产规模和销售仍然有限，仍处于发展的初期。

第二篇　国际海带产业发展情况

1　海带在国际渔业中的地位

全球渔业生产包括捕捞和养殖两大部分，FAO在其发布的《世界渔业和水产养殖状况（2018）》中指出，2016年度全球渔业总产量达到1.71亿吨，其中水产养殖贡献的比例为64%。与其他渔业种类完全不同的是，2016年全球野生采集和养殖的水生植物96.5%来自养殖，远远高于鱼类、甲壳类、软体动物等水产动物。

2016年全球水产养殖产量（包括水生植物）总计约1.102亿吨，估测初次销售额约2 435亿美元。其中，水生植物产量为3 010万吨，价值117亿美元，分别占全球养殖产量的27.3%和销售额的4.8%（表2.1）。

藻类（水生植物）在全球水产养殖种类占据着极其重要的地位，在全球统计的50个主要种类（不包括未知具体名称和分类的"其他种类"）中，麒麟菜（*Eucheuma* spp.）和海带类的产量高居前两位。2016年度全球海带产量为821.9万吨（鲜重），是全球产量第二高的水生生物（植物）物种，仅低于麒麟菜（1 051.9万吨）；但与后者不同的是，海带主要是作为食品被消费，而麒麟菜则主要用于生产卡拉胶。

表2.1　2016年度全球水产养殖产量和初次销售额统计表

水产养殖种类	初次销售额/亿美元	产量/万吨
水生植物	117	3 010
食用鱼类	1 385	5 410
软体动物	292	1 710
甲壳类动物	571	790
其他水生动物	68	93.85
非食用产品	2.14	3.79
合计	2 435.14	11 017.64

2　国际海带产量

1950年开始，FAO开始统计以大型海藻为主要种类的水生植物产量。根据其统计数据（1950～2016年），1950年全球海带产量为5 338吨（鲜重），2000年海带产量为4 091 409吨（鲜重），2016年海带产量为8 219 243.38吨（鲜重）（图2.1、表2.2）。近10年来，全球海带的产量持续呈现上涨的趋势，且增长速度显著高于其他种类（鱼类、虾类、贝类）。FAO统计数据显示，1950年、2000年和2016年全球水生植物产量分别为407 272吨（鲜重）、10 507 486吨（鲜重）、31 137 870.59吨（鲜重），海带产量分别占全球水生植物总产量的1.31%、38.94%、26.40%。海带在全球水生植物产量中占有极其重要的地位。

全球海带产量主要来自养殖（98.59%；FAO，2016），尤其是在中国、韩国和日本等亚洲国家；而法国、丹麦、冰岛、爱尔兰等欧洲国家的海带产量则主要来自采收野生资源。2016年度，中国、日本和韩国的海带养殖产量分别为7 305 290吨、27 068吨、489 000吨（表2.2）。

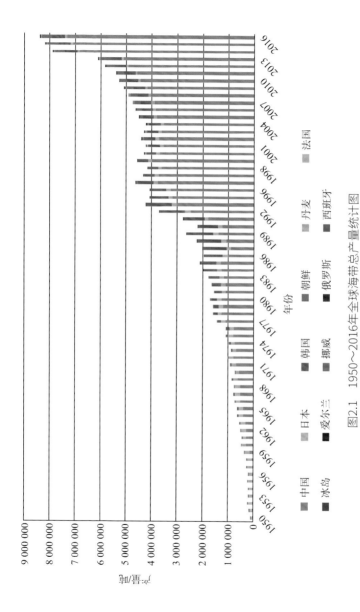

图2.1 1950~2016年全球海带总产量统计图

表2.2 1950～2016年全球海带总产量统计表（鲜重，单位：吨）

年度	中国	日本	韩国	朝鲜	丹麦	法国	冰岛	爱尔兰	挪威	俄罗斯	西班牙	全球总产量
1950	0	73 397	621	0	0	0	0	0	0	0	0	74 018
1951	0	144 000	756	0	0	0	0	0	0	0	0	144 756
1952	328	192 600	920	0	0	0	0	0	0	0	0	193 848
1953	688	184 300	1 119	0	0	0	0	0	0	0	0	186 107
1954	1 529	180 200	1 362	0	0	0	0	0	0	0	0	183 091
1955	3 167	184 800	1 658	0	0	0	0	0	0	0	0	189 625
1956	3 356	170 300	2 018	0	0	0	0	0	0	0	0	175 674
1957	12 981	212 200	2 456	0	0	0	0	0	0	0	0	227 637
1958	37 521	184 000	2 989	0	0	0	0	0	0	0	0	224 510
1959	145 680	168 200	3 637	0	0	0	0	0	0	0	0	317 517
1960	250 000	193 200	4 426	0	0	0	0	0	0	0	0	447 626
1961	250 000	171 100	5 387	0	0	0	0	0	0	0	0	426 487
1962	250 000	232 800	6 556	0	0	0	0	0	0	0	0	489 356

续表

年度	中国	日本	韩国	朝鲜	丹麦	法国	冰岛	爱尔兰	挪威	俄罗斯	西班牙	全球总产量
1963	300 000	207 100	7 979	0	0	0	0	0	0	0	0	515 079
1964	400 000	180 100	9 710	0	0	0	0	0	0	0	0	589 810
1965	400 000	188 563	11 818	0	0	0	0	0	0	0	0	600 381
1966	500 000	197 691	14 382	0	0	0	0	0	0	0	0	712 073
1967	500 000	239 420	17 503	0	0	0	0	0	0	0	0	756 923
1968	500 000	218 202	21 302	0	0	0	0	0	0	0	0	739 504
1969	600 000	185 579	25 924	0	0	0	0	0	0	0	0	811 503
1970	529 800	156 742	31 550	0	0	0	0	0	0	0	0	718 092
1971	669 800	190 145	38 397	0	0	0	0	0	0	0	0	898 342
1972	793 700	180 005	46 730	0	0	0	0	0	0	0	0	1 020 435
1973	668 700	164 489	56 871	0	0	0	0	0	0	0	0	890 060
1974	723 535	149 680	69 213	2 334	0	0	0	0	0	0	0	944 762
1975	799 705	192 777	84 233	2 758	0	0	0	0	0	0	0	1 079 473

续表

年度	中国	日本	韩国	朝鲜	丹麦	法国	冰岛	爱尔兰	挪威	俄罗斯	西班牙	全球总产量
1976	752 130	200 586	102 512	8 342	0	0	0	0	0	0	0	1 063 570
1977	1 111 055	180 394	124 759	2 122	0	0	0	0	0	0	0	1 418 330
1978	1 257 060	143 014	151 834	5 516	0	0	0	0	0	0	0	1 557 424
1979	1 200 685	168 968	184 783	5 192	0	0	0	0	0	0	0	1 559 628
1980	1 264 535	179 137	224 884	940	0	0	0	0	0	0	0	1 669 496
1981	1 097 590	170 382	273 687	1 963	0	0	0	0	0	0	0	1 543 622
1982	1 094 790	201 087	333 081	3 987	0	0	0	0	0	0	0	1 632 945
1983	1 156 480	182 953	405 364	11 606	0	0	0	0	0	0	0	1 756 403
1984	1 253 305	186 400	500 000	7 927	0	0	0	2 000	0	0	0	1 949 632
1985	1 269 195	193 836	600 000	11 796	0	0	0	2 200	0	0	0	2 077 027
1986	1 017 185	192 952	700 000	9 445	0	0	0	2 400	0	0	0	1 921 982
1987	894 500	178 600	914 000	9 980	0	0	0	2 600	0	0	0	1 999 680
1988	1 082 075	198 714	919 000	11 612	0	0	0	2 800	0	0	0	2 214 201

续表

年度	中国	日本	韩国	朝鲜	丹麦	法国	冰岛	爱尔兰	挪威	俄罗斯	西班牙	全球总产量
1989	1 364 565	226 047	1 024 000	2 617	0	0	0	3 000	0	0	0	2 620 229
1990	1 221 530	185 974	750 000	8 084	0	0	0	3 000	0	0	0	2 168 588
1991	1 783 300	140 831	800 000	8 938	0	0	0	2 800	0	0	0	2 735 869
1992	2 470 645	230 242	943 000	9 560	0	0	0	2 800	0	0	0	3 656 247
1993	3 009 135	194 113	973 000	17 180	0	0	0	2 700	0	0	0	4 196 128
1994	3 169 505	161 360	667 349	30 421	0	0	0	2 600	0	0	0	4 031 235
1995	3 222 230	176 013	604 371	27 295	0	0	0	2 400	0	0	0	4 032 309
1996	3 719 230	181 315	635 579	35 640	0	0	0	2 300	0	0	0	4 574 064
1997	3 685 936	183 079	375 577	33 466	0	0	0	1 900	0	0	0	4 279 958
1998	3 591 825	141 875	370 000	7 931	0	0	4 500	2 000	0	0	0	4 118 131
1999	3 982 646	142 622	370 000	25 447	0	0	5 239	2 000	0	0	0	4 527 954
2000	3 663 403	147 457	360 000	14 160	0	51 448	2 764	2 000	0	0	0	4 241 232
2001	3 503 586	160 461	444 295	17 506	0	51 158	4 679	2 000	0	0	0	4 183 685
2002	3 687 744	155 530	444 295	24 873	0	54 500	3	2 000	0	0	0	4 368 945

续表

年度	中国	日本	韩国	朝鲜	丹麦	法国	冰岛	爱尔兰	挪威	俄罗斯	西班牙	全球总产量
2003	3 583 939	135 252	444 295	25 296	0	56 950	4072	1 900	0	0	0	4 251 704
2004	3 504 761	138 378	444 295	22 510	0	56 950	3 734	1 700	0	0	0	4 172 328
2005	3 773 631	123 064	444 295	108 336	0	16 099	2 910	1 400	0	0	0	4 469 735
2006	3 809 960	126 004	444 300	201 931	0	14 347	3 135	1 400	0	0	0	4 601 077
2007	3 877 355	114 123	444 300	250 077	0	30 910	4 753	1 400	0	0	21	4 722 939
2008	3 988 755	120 181	444 300	285 223	0	30 910	3 995	1 400	0	0	10.2	4 874 774.2
2009	4 139 825	120 512	444 300	306 537	1	18 545	3 575	1 400	0	0	3.2	5 034 698.2
2010	4 418 010	117 303	444 300	241 502	0	22 597	2 454	1 401	0	0	0	5 247 567
2011	4 541 105	86 434	444 300	246 791	0	44 047	4 983	1 403	0	1 350	0.141	5 370 413.141
2012	4 895 030	107 215	444 300	308 640	0	13 861	4 840	1 400	0	1 206	0.6	5 776 492.6
2013	5 088 685	92 354	444 300	373 267	0	68 540	4 300	1 400	0	734	0	6 073 580
2014	6 805 175	99 649	489 000	372 325	0	58 261	4 627	1 400	0	1 078	1.6	7 831 516.6
2015	7 056 445	110 290	489 000	442 647	0.5	16 754	3 730	1 400	49	1 114	0.013	8 121 429.513
2016	7 305 290	85 168	489 000	397 863	0	55 021	2 125	1 400	33.38	1 289	0	8 337 189.38

表2.3　2016年度不同国家海带产量（含养殖）统计表

国别	总产量/吨	养殖产量/吨	捕捞产量/吨	养殖率
中国	7 305 290	7 305 290	0	100.00%
日本	85 168	27 068	58 100	31.78%
韩国	489 000	489 000	0	100.00%
朝鲜	397 863	397 852	11	100.00%
法国	55 021	0	55 021	0
冰岛	2 125	0	2 125	0
爱尔兰	1 400	0	1 400	0
挪威	33.38	33.38	0	100.00%
俄罗斯	1 289	0	1 289	0
合计	8 337 189	8 219 243	117 946	98.59%

全球海带主要养殖国家有中国、日本、韩国和朝鲜。几十年来，中国的海带养殖产量一直占据全球首位，且超过全球海带产量的80%（表2.4）。截至2016年，中国的海带养殖产量占全球海带养殖产量的比例达到88.88%，在全球具有支配性地位。

表2.4　1950～2016年全球海带养殖产量统计表（鲜重，单位：吨）

年度	中国	日本	韩国	朝鲜	丹麦	爱尔兰	挪威	西班牙	全球总产量
1950	0	4 717	621	0	0	0	0	0	5 338
1951	0	3 000	756	0	0	0	0	0	3 756
1952	328	2 000	920	0	0	0	0	0	3 248
1953	688	2 000	1 119	0	0	0	0	0	3 807

年度	中国	日本	韩国	朝鲜	丹麦	爱尔兰	挪威	西班牙	全球总产量
1954	1 529	2 000	1 362	0	0	0	0	0	4 891
1955	3 167	2 000	1 658	0	0	0	0	0	6 825
1956	3 356	2 200	2 018	0	0	0	0	0	7 574
1957	12 981	1 000	2 456	0	0	0	0	0	16 437
1958	37 521	1 000	2 989	0	0	0	0	0	41 510
1959	145 680	1 500	3 637	0	0	0	0	0	150 817
1960	250 000	1 000	4 426	0	0	0	0	0	255 426
1961	250 000	800	5 387	0	0	0	0	0	256 187
1962	250 000	1 500	6 556	0	0	0	0	0	258 056
1963	300 000	600	7 979	0	0	0	0	0	308 579
1964	400 000	600	9 710	0	0	0	0	0	410 310
1965	400 000	600	11 818	0	0	0	0	0	412 418
1966	500 000	800	14 382	0	0	0	0	0	515 182
1967	500 000	700	17 503	0	0	0	0	0	518 203
1968	500 000	500	21 302	0	0	0	0	0	521 802
1969	600 000	500	25 924	0	0	0	0	0	626 424
1970	529 800	284	31 550	0	0	0	0	0	561 634
1971	669 800	665	38 397	0	0	0	0	0	708 862
1972	793 700	3 340	46 730	0	0	0	0	0	843 770
1973	668 700	7 681	56 871	0	0	0	0	0	733 252
1974	723 535	10 201	69 213	2 334	0	0	0	0	805 283
1975	799 705	15 759	84 233	2 758	0	0	0	0	902 455
1976	752 130	22 087	102 512	8 342	0	0	0	0	885 071
1977	1 111 055	27 249	124 759	2 122	0	0	0	0	1 265 185
1978	1 257 060	21 890	151 834	5 516	0	0	0	0	1 436 300
1979	1 200 685	25 291	184 783	5 192	0	0	0	0	1 415 951
1980	1 264 535	38 562	224 884	940	0	0	0	0	1 528 921
1981	1 097 590	44 221	273 687	1 963	0	0	0	0	1 417 461
1982	1 094 790	42 980	333 081	3 987	0	0	0	0	1 474 838

续表

年度	中国	日本	韩国	朝鲜	丹麦	爱尔兰	挪威	西班牙	全球总产量
1983	1 156 480	44 345	405 364	11 606	0	0	0	0	1 617 795
1984	1 253 305	62 756	500 000	7 927	0	0	0	0	1 823 988
1985	1 269 195	53 593	600 000	11 796	0	0	0	0	1 934 584
1986	1 017 185	54 143	700 000	9 445	0	0	0	0	1 780 773
1987	894 500	49 582	914 000	9 980	0	0	0	0	1 868 062
1988	1 082 075	59 696	919 000	11 612	0	0	0	0	2 072 383
1989	1 364 565	64 383	1 024 000	2 617	0	0	0	0	2 455 565
1990	1 221 530	54 297	750 000	8 084	0	0	0	0	2 033 911
1991	1 783 300	42 619	800 000	8 938	0	0	0	0	2 634 857
1992	2 470 645	72 924	943 000	9 560	0	0	0	0	3 496 129
1993	3 009 135	59 966	973 000	17 180	0	0	0	0	4 059 281
1994	3 169 505	57 757	667 349	30 421	0	0	0	0	3 925 032
1995	3 222 230	55 056	604 371	27 295	0	0	0	0	3 908 952
1996	3 719 230	61 121	635 579	35 640	0	0	0	0	4 451 570
1997	3 685 936	60 103	375 577	33 466	0	0	0	0	4 155 082
1998	3 591 825	50 123	370 000	7 931	0	0	0	0	4 019 879
1999	3 982 646	48 251	370 000	25 447	0	0	0	0	4 426 344
2000	3 663 403	53 846	360 000	14 160	0	0	0	0	4 091 409
2001	3 503 586	63 200	444 295	17 506	0	0	0	0	4 028 587
2002	3 687 744	51 128	444 295	24 873	0	0	0	0	4 208 040
2003	3 583 939	50 978	444 295	25 259	0	0	0	0	4 104 471
2004	3 504 761	47 256	444 295	22 510	0	0	0	0	4 018 822
2005	3 773 631	44 489	444 295	108 327	0	0	0	0	4 370 742
2006	3 809 960	41 339	444 300	201 919	0	0	0	0	4 497 518
2007	3 877 355	41 356	444 300	250 049	0	0	0	21	4 613 081
2008	3 988 755	46 937	444 300	285 221	0	0	0	10.2	4 765 223.2
2009	4 139 825	40 397	444 300	306 183	1	0	0	3.2	4 930 709.2
2010	4 418 010	43 251	444 300	241 322	0	1	0	0	5 146 884
2011	4 541 105	25 095	444 300	246 701	0	3	0	0.141	5 257 204.141

续表

年度	中国	日本	韩国	朝鲜	丹麦	爱尔兰	挪威	西班牙	全球总产量
2012	4 895 030	34 147	444 300	308 601	0	0	0	0.6	5 682 078.6
2013	5 088 685	35 410	444 300	373 263	0	0	0	0	5 941 658
2014	6 805 175	32 897	489 000	372 311	0	0	0	1.6	7 699 384.6
2015	7 056 445	38 671	489 000	442 637	0.5	0	49	0.013	8 026 802.513
2016	7 305 290	27 068	489 000	397 852	0	0	33.38	0	8 219 243.38

　　中国的海带产量全部来自养殖。中国海带养殖生产开始于1953年，至今已有66年的养殖历史。几十年来，中国的海带养殖产量一直保持着上升发展趋势，且增幅较高。自20世纪80年代首次取代日本成为全球海带最主要的生产国家以来，中国海带产量一直居国际首位。日本海带产量至1992年达到顶峰，但在最近20年的时间里，日本海带产量呈现逐年下降趋势，至2016年已下跌至全球第四位，位于中国、韩国和朝鲜之后。1989～1992年，韩国的海带养殖产量达到顶峰，1992年之后逐渐下降。进入21世纪以来，韩国的海带养殖产量一直保持着较为平稳的状态。朝鲜的海带养殖产业起步较晚，直到2004年海带养殖产量才有了大幅度的增加，但发展速度很快，近年来仍总体呈现产量增加的趋势，现已超过日本成为国际第三大海带主产国（图2.2～图2.4）。

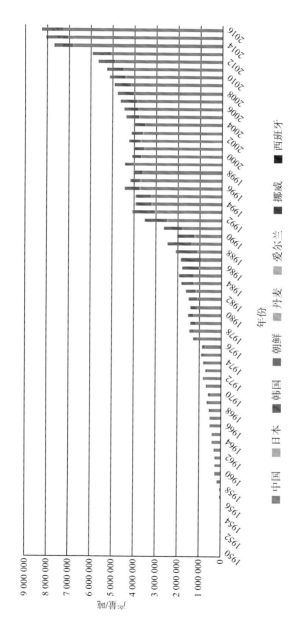

图2.2　1950～2016年全球海苗海养殖产量统计图

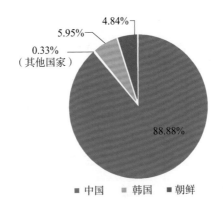

图2.3　2016年全球各国海带养殖产量比例图

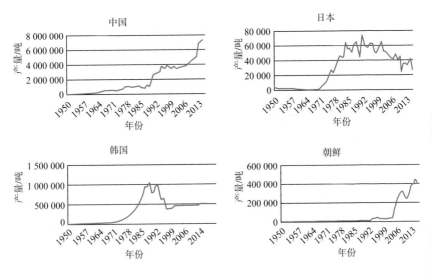

图2.4　海带主要养殖国家1950～2016年海带养殖产量的变化图

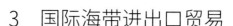

3　国际海带进出口贸易

自1976年开始，FAO开始统计全球水生植物进出口贸易数据，其中涉及海带的产品主要包括鲜海带和海带食品，而不包括海带化工产品。

3.1　进口贸易

根据FAO统计数据（1976～2016年），海带进口的国家和地区主要为中国大陆、韩国和中国台湾。

韩国作为主要的海带消费国家，开始进口海带的时间较早，进口种类分为海带和海带食品两种。自1981年开始，韩国的海带进口量总体呈现上升趋势，进口量至21世纪初达到顶峰，随后逐渐下降。近年来，韩国的海带进口量持续下降。

中国大陆的海带进口开始于1996年。但进口量波动较大，分别在1998年（1 056吨）、2003年（1 679吨）和2011年（984吨）达到3次进口高峰期。近年来，中国大陆的海带进口量始终维持稳定水平，每年进口海带约150吨。

中国台湾的海带进口自1998年开始，至2016年的近20年时间里，海带进口量总体呈现平稳态势，每年海带进口量约9 000吨（表2.5、图2.5）。

表2.5　全球海带及其相关产品进口量统计表（单位：吨）

| 年度 | 安哥拉 | 特利尼亚和多巴哥 | 中国大陆 | 韩国 | | 缅甸 | 中国台湾 | 巴布亚新几内亚 |
	海带	海带	海带	海带食品	海带	海带	海带	海带
1976	0	0	0	0	0	0	0	0
1977	0	0	0	0	0	0	0	0
1978	0	0	0	0	0	0	0	0
1979	0	0	0	0	0	0	0	0
1980	0	0	0	0	0	0	0	0
1981	0	0	0	0	0	0	0	0
1982	0	0	0	0	0	0	0	0
1983	0	0	0	0	0	0	0	0
1984	0	0	0	0	0	0	0	0
1985	0	0	0	0	0	0	0	0
1986	0	0	0	0	0	0	0	0
1987	0	0	0	0	0	0	0	0
1988	0	0	0	0	0	0	0	0
1989	0	0	0	0	46	0	0	0
1990	0	0	0	0	1	0	0	0
1991	0	0	0	1	1	0	0	0
1992	0	0	0	0	25	0	0	0

续表

年度	安哥拉	特利尼亚和多巴哥	中国大陆	韩国		缅甸	中国台湾	巴布亚新几内亚
	海带	海带	海带	海带食品	海带	海带	海带	海带
1993	0	0	0	0	53	0	0	0
1994	0	0	0	17	62	0	0	0
1995	0	0	0	18	27	0	0	0
1996	0	0	223	98	74	0	0	0
1997	0	0	589	52	86	0	0	0
1998	0	0	1056	48	415	0	9 007	0
1999	0	0	86	23	690	0	9 876	0
2000	0	0	147	33	388	0	8 949	0
2001	0	0	111	286	310	0	9 424	0
2002	0	0	345	127	4 423	0	8 818	0
2003	0	0	1 679	257	700	0	8 846	0
2004	0	0	449	221	818	0	10 111	0
2005	0	0	583	281	588	0	9 755	0
2006	0	0	285	198	680	0	8 584	0
2007	3	0	416	102	469	0	8 704	0
2008	0	0	241	78	264	0	9 481	0
2009	0	0	267	57	248	1	9 194	1

续表

年度	安哥拉	特利尼亚和多巴哥	中国大陆	韩国		缅甸	中国台湾	巴布亚新几内亚
	海带	海带	海带	海带食品	海带	海带	海带	海带
2010	0	0	198	139	422	0	8 194	0
2011	0	0	984	139	550	0	9 482	0
2012	0	1	144	0	289	1	9 266	0
2013	0	0	126	0	306	0	9 548	0
2014	0	0	155	0	253	0	10 440	0
2015	0	0	136	0	204	0	10 174	0
2016	0	0	172	0	175	0	9 872	0

3.2　出口贸易

根据FAO统计数据（1976～2016年），海带出口的国家和地区主要为中国大陆、韩国和中国台湾。

韩国海带出口开始时间较早，出口种类为海带和海带食品两种。从1981年至今，海带出口量始终波动较大。2012年出口量达到最高峰，为2 078吨；随后几年出口量大幅度下降，2016年出口量则又出现了回升。

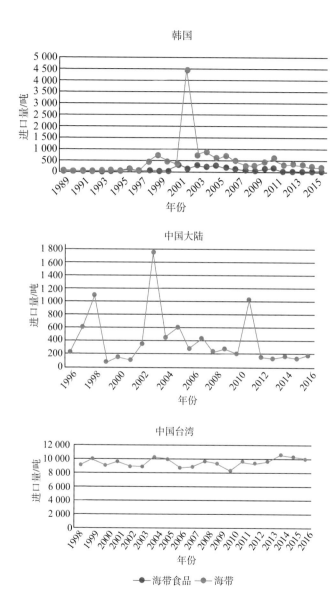

图2.5　全球主要海带进口国家和地区的进口量变化图

　　中国大陆海带出口始于1996年。截至2008年，中国大陆海带出口量虽有波动，但总体呈现稳定状态，每年海带出口量约15 000吨。2008年以来，海带出口量大幅度下降，近几年仍呈现小幅度下降态势。2016年中国大陆的海带出口量仅有4 618吨，相比于出口高峰期下降了约60%。

　　中国台湾的海带出口始于1998年，总体呈现出口量先上升、后下降的变化趋势。21世纪初海带出口量达到最高峰，近几年的海带年出口量基本稳定在约30吨的水平（表2.6、图2.6）。

表2.6　全球海带及其相关产品出口量统计表（单位：吨）

年度	中国大陆	韩国		中国台湾	斐济
	海带	海带	海带食品	海带	海带
1976	0	0	0	0	0
1977	0	0	0	0	0
1978	0	0	0	0	0
1979	0	0	0	0	0
1980	0	0	0	0	0
1981	0	0	488	0	0
1982	0	0	217	0	0

续表

年度	中国大陆	韩国		中国台湾	斐济
	海带	海带	海带食品	海带	海带
1983	0	552	170	0	0
1984	0	0	315	0	0
1985	0	455	120	0	0
1986	0	0	201	0	0
1987	0	807	165	0	0
1988	0	1 021	81	0	0
1989	0	814	74	0	0
1990	0	521	27	0	0
1991	0	859	7	0	0
1992	0	994	4	0	0
1993	0	655	1	0	0
1994	0	703	7	0	0
1995	0	395	9	0	0
1996	10 833	781	4	0	0
1997	13 861	1 120	2	0	0
1998	12 782	648	36	33	0
1999	13 600	1 074	11	20	0
2000	12 810	1 039	1	11	106

年度	中国大陆	韩国		中国台湾	斐济
	海带	海带	海带食品	海带	海带
2001	14 739	1 100	0	84	0
2002	17 812	548	0	109	0
2003	15 260	1 178	2	108	0
2004	13 471	1 392	19	121	19
2005	15 628	1 455	14	119	10
2006	16 301	1 328	11	231	91
2007	14 852	1 103	0	213	41
2008	16 533	966	1	228	15
2009	12 861	928	0	173	32
2010	12 902	1 480	1	130	28
2011	10 019	1 891	0	108	21
2012	6 099	2 078	0	20	22
2013	5 743	1 205	0	22	43
2014	5 244	818	0	20	24
2015	4 800	634	0	38	0
2016	4 618	868	0	32	0

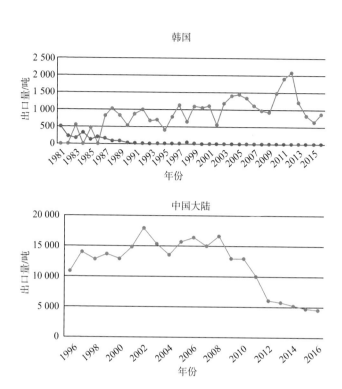

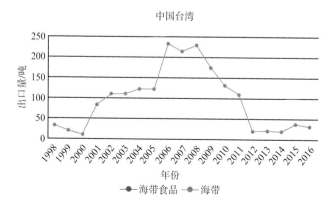

图2.6 全球主要海带出口国家和地区的出口量变化图

第三篇 中国海带产业发展情况

1 产业概况

根据农业农村部渔业渔政管理局发布的《中国渔业统计年鉴（2018）》，2017年度海带养殖产量已经达到藻类总养殖产量的66.73%，海带是最主要的养殖藻类（表3.1、图3.1）。

表3.1 2017年度主要藻类的苗种、产量和养殖面积情况表

种类	苗种数量	产量/吨	面积/公顷
海带	484亿株	1 486 645	44 236
紫菜	13亿贝壳	173 305	79 607
江蓠（龙须菜）	—	308 674	8 810
裙带菜	—	166 795	6 431
马尾藻（羊栖菜）	—	19 997	1 095
麒麟菜（琼枝）	—	5 629	345
其他	—	66 453	4 739
合计	—	2 227 838	145 263

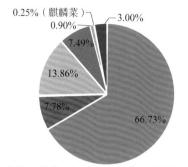

图3.1　2017年度海藻主要养殖种类产量比例图

2　产业结构与特征

2.1　产业结构

根据三次产业分类法，中国的海带产业结构可分为第一产业、第二产业和第三产业。

第一产业主要包括育苗、养殖、水产动物饲料加工业等。

第二产业主要包括食品加工业、海藻化工业（含海洋药物与保健品、农用肥料）等。

第三产业主要包括销售、运输、餐饮等服务业等。

2.2　产业特征

海带产业作为中国海洋农业中产业链最长、产品种类最丰富的产业，在中国已形成了育苗、养殖、食品加工、海藻化工、海洋药物与保健品研发、农用肥料和水产动物饲料生产等较为完整和系统的海带产业链条。并且，中国的海带育苗、养殖、食品加工、海藻化工产业的规模和产量均在全球海藻产业具有支配性地位。

3 产业生产情况

3.1 第一产业生产情况

《中国渔业统计年鉴》（1996～2018年）给出了海带苗种繁育数量、海带养殖面积和养殖产量。

3.1.1 苗种数量

近20年统计数据显示，海带苗种繁育总量总体上呈现增长的态势。2005年之前，海带苗种繁育总量总体呈现稳定态势。2006年开始，受国家和地方发展海洋经济的政策的有效引导以及养殖需求的增加，山东和福建新建和扩建了若干海带育苗场，使得中国海带苗种繁育能力和总量得到大幅度提高。目前，主要有3个省份进行海带苗种繁育生产，依次为福建、山东和辽宁，育苗量分别占据市场的59.25%、21.01%和18.48%。2017年全国的海带苗种繁育总量达到484.46亿株，与2016年相比基本持平（表3.2、图3.2）。

表3.2 海带苗种繁育生产情况统计表（单位：亿株）

年度	辽宁	福建	山东	浙江	总数
1991	25.00	42.00	46.00	1.00	114.00
1992	30.00	45.00	56.00	1.10	132.10
1993	2.40	81.00	49.00	2.99	135.39
1994	2.00	52.02	54.60	1.00	109.62
1995	0	28.14	60.32	0.45	88.91
1996	1.50	11.20	64.50	0.40	77.60
1997	1.50	9.27	67.93	0.50	79.20
1998	2.00	39.40	70.70	0.24	112.34
1999	2.00	35.36	31.43	0.15	68.94
2000	1.80	64.51	54.80	34.21	155.32
2001	4.55	34.44	63.00	0.00	101.99
2002	2.00	34.20	33.00	0.00	69.20
2003	2.00	27.54	56.00	0.00	85.54
2004	1.00	26.35	77.00	0.00	104.35
2005	0	31.10	70.00	0.00	101.10
2006	0	179.90	62.00	2.00	243.90
2007	3.00	184.00	68.88	0.00	255.88
2008	2.00	186.57	67.00	0.00	255.57
2009	0	178.50	82.00	0.35	261.85[*]
2010	10.00	188.50	101.00	2.52	303.02[*]

续表

年度	辽宁	福建	山东	浙江	总数
2011	0	188.50	205.00	0.01	394.51*
2012	0	207.32	81.00	0	289.32*
2013	0	218.69	84.00	0	302.69*
2014	0	235.03	91.00	0	326.03*
2015	0	240.87	86.00	0	336.87*
2016	6.00	282.07	88.00	0	476.07*
2017	6.00	285.46	93.00	0	484.46*

*：删除了部分有疑问省份的数据，但保留总体数据

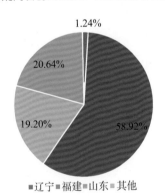

图3.2 2017年度各省海带苗种繁育量比例图

3.1.2 养殖面积

近40年来，中国的海带养殖产业格局发生了巨大的变化。1979年，中国的海带养殖面积仅为18 813公顷；

而截至2017年，中国的海带养殖面积已达到44 236公顷，是1979年的3倍。在养殖区域分布上，1979年，中国的海带养殖区主要在山东（43.66%），养殖面积达到8 213公顷；其次是浙江（19.84%）和福建（18.32%），养殖面积分别为3 733公顷和3 447公顷；再次是辽宁（11.73%），养殖面积为2 207公顷；此外，江苏的海带养殖面积占据全国的6.38%，达到1 200公顷。总体来看，中国海带养殖以山东为主，浙江、福建、辽宁和江苏均有一定规模养殖。2000年，全国海带养殖区域变为以山东（50.78%）为主，福建（24.02%）和辽宁（20.89%）为次养殖区，浙江（4.07%）有一定规模养殖的局势。而2017年，全国的海带养殖区域则主要集中在福建（41.89%）和山东（41.59%），辽宁养殖面积仅占13.14%。这3个地区的海带养殖面积占据全国的96.64%（图3.3、表3.3)。

21世纪初期，福建和山东海带养殖面积大幅度增加，但近几年受传统养殖区养殖饱和、新兴养殖区发展缓慢等影响，中国海带养殖面积仅呈现出微量的增加，但仍保持着平稳发展的态势（图3.4）。2017年度，中国海带养殖面积为4.4万公顷，较2016年度增加162公顷。南北方海带总养殖面积比例约为1：1。福建海带养殖面积连续10年位居全国第一。2009年度福建海带养殖面积已达

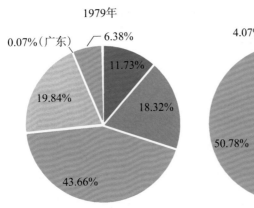

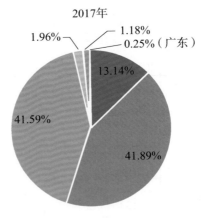

图3.3　各省海带养殖面积占比变化图

到14 703公顷，占全国海带养殖面积的39.1%；2017年度已达到18 529公顷，占全国海带养殖面积的41.89%。海带养殖面积第二大的省份为山东，2017年度养殖面积仅次于福建，占全国养殖面积的41.59%。辽宁位居第三，2017年度海带养殖面积为5 814公顷，占全国海带养殖总面积的13.14%。

表3.3 海带养殖面积统计表（单位：公顷）

年度	辽宁	福建	山东	浙江	广东	江苏	广西	河北	总数
1979	2 207	3 447	8 213	3 733	13	1 200	0	0	18 813
1980	2 133	2 493	7 227	3 200	0	1 427	0	0	16 480
1981	1 933	1 707	4 953	2 060	0	953	0	0	11 607
1982	1 867	2 207	4 967	2 600	0	887	0	0	12 527
1983	1 600	1 967	4 833	2 640	0	407	0	0	11 447
1984	1 813	2 933	5 440	2 360	0	660	0	0	13 207
1985	1 740	2 713	5 393	1 653	0	233	0	0	11 733
1986	1 233	2 260	4 000	113	0	147	0	0	7 753
1987	520	2 033	3 720	307	0	60	0	0	6 640
1988	607	2 093	4 020	447	0	33	0	0	7 200
1989	760	2 667	5 193	800	0	87	0	0	9 507
1990	793	2 867	6 267	893	0	100	0	0	10 920
1991	760	2 940	6 860	890	0	90	0	0	11 650
1992	1 090	3 770	8 580	890	0	100	0	0	14 430

续表

年度	辽宁	福建	山东	浙江	广东	江苏	广西	河北	总数
1993	1 580	4 670	10 810	1 070	0	100	0	0	18 230
1994	1 950	4 440	11 040	710	0	40	0	0	18 180
1995	2 070	3 880	11 270	580	0	10	0	0	17 810
1996	2 733	4 714	11 670	864	0	93	0	6	20 080
1997	2 879	5 756	11 917	891	0	260	0	17	21 720
1998	4 088	6 375	12 036	977	0	193	0	20	23 689
1999	4 344	6 754	12 429	1 267	0	67	0	0	24 861
2000	5 041	5 796	12 251	982	0	40	17	0	24 127
2001	4 669	6 198	12 392	787	0	27	0	0	24 073
2002	4 773	7 217	12 473	735	0	67	50	0	25 315
2003	5 266	12 559	17 435	540	73	22	0	0	35 895
2004	5 111	14 815	20 539	543	78	77	0	0	41 163
2005	6 374	15 596	21 370	513	22	69	0	0	43 944
2006	5 149	14 788	20 719	541	36	91	0	0	41 324
2007	2 901	12 892	21 500	248	26	295	0	0	37 862
2008	4 582	10 754	16 953	391	47	795	0	0	33 522
2009	6 750	14 703	13 367	836	65	1 904	0	0	37 625
2010	7 554	15 124	16 060	904	65	272	0	50	40 029
2011	6 874	15 974	15 919	899	65	190	0	0	39 921
2012	7 120	15 398	16 100	726	85	772	0	0	40 201
2013	5 496	16 274	14 014	691	87	720	0	0	37 282

续表

年度	辽宁	福建	山东	浙江	广东	江苏	广西	河北	总数
2014	5 396	16 573	16 508	637	87	700	0	0	39 901
2015	6 571	18 429	17 014	910	95	600	0	0	43 619
2016	6 634	19 789	16 494	836	95	550	0	0	44 398
2017	5 814	18 529	18 397	865	111	520	0	0	44 236

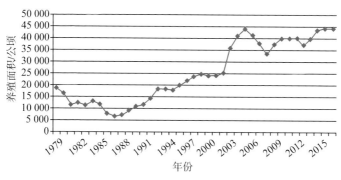

图3.4　1979～2017年度海带养殖面积变化图

3.1.3　养殖产量

1979年开始，原农业部渔业局开始统计大型海藻产量。根据《中国渔业统计年鉴》（1979～2018年），1979年度全国海带产量为240 137吨（鲜重），2000年度为830 410吨（鲜重），2017年度为1 486 645吨（鲜重）。同期，全国藻类总产量分别为250 377吨（鲜重）、1 201 559吨（鲜重）、2 227 838吨（鲜重），海带产量分别占全国藻类总产量的95.91%、69.11%、66.73%。近10年来，中国的海带产量总体呈现出上涨的态势（图3.5），且增长速度显著高于其他藻类、鱼类、虾蟹类和贝类。海带是中国最重要的渔业种类之一。

由于养殖面积的扩大以及高产品种的推广应用，中国海带养殖产量逐年增加。2017年全国的海带养殖产量比1979年增加了5倍。全国各地区海带产量的变化与养殖面积变化基本一致。尤其是福建海带产量自2002年起已超越山东，多年保持着全国首位。

《中国渔业统计年鉴（2018）》数据显示，2017年度中国海带养殖产量为1 486 645吨，较2016年度增加25 587吨。南北方海带养殖产量基本持平。福建、山东和辽宁是中国海带的主产区。2002年度，福建海带养殖产量首度超过山东，居全国首位。2017年度，福建海带养殖产量为720 017吨，占全国海带总产量的48.43%；山东海带养殖产量为531 330吨，占全国海带总产量的35.74%；辽宁海带养殖产量为213 959吨，占全国海带总产量的14.39%（图3.6、表3.4）。

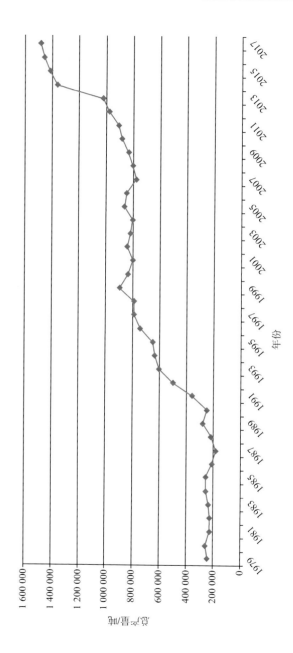

图3.5　1979～2017年度海带养殖总产量变化图

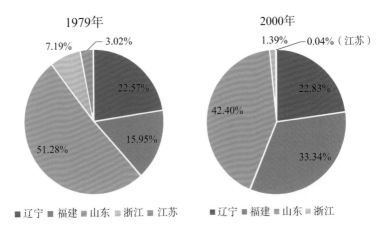

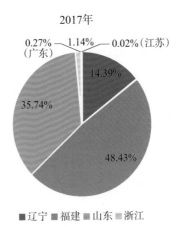

图3.6　各省海带养殖产量占比变化图

表3.4　海带养殖产量统计表（加工品，单位：吨）

年度	辽宁	福建	山东	浙江	广东	江苏	广西	河北	合计
1979	54 204	38 292	123 134	17256	0	7 251	0	0	240 137
1980	66 078	28 115	131 756	15 021	2	11 935	0	0	252 907
1981	68 918	26 011	101 918	11 226	0	11 445	0	0	219 518
1982	68 561	39 080	101 115	8 585	1 149	9 876	1	0	218 958
1983	63 949	30 887	122 936	10 218	0	3 306	0	0	231 296
1984	66 117	43 589	122 944	9 605	0	8 406	0	0	250 661
1985	65 583	46 791	134 575	6 875	0	15	0	0	253 839
1986	50 949	41 765	107 976	707	0	2 040	0	0	203 437
1987	29 477	40 231	107 214	1 298	0	680	0	0	178 900
1988	38 177	46 080	129 362	2 461	0	335	0	0	216 415
1989	51 224	61 944	154 244	4 628	0	873	0	0	272 913
1990	48 205	63 159	126 794	4 706	0	1 442	0	0	244 306
1991	63 604	71 489	214 980	5 085	0	1 502	0	0	356 660
1992	78 408	138 616	269 778	5 761	0	1 566	0	0	494 129
1993	86 410	170 124	335 002	9 207	0	1 084	0	0	601 872
1994	93 816	186 969	347 814	7 232	0	70	0	0	633 901
1995	107 994	176 543	352 809	7 001	0	117	0	0	644 464
1996	117 404	219 540	396 160	10 353	0	185	0	234	743 876
1997	137 919	281 191	356 488	8 986	0	1 923	0	50	786 557

续表

年度	辽宁	福建	山东	浙江	广东	江苏	广西	河北	合计
1998	143 803	266 323	370 725	9 839	0	2 304	0	35	793 029
1999	170 261	324 524	387 832	11 641	0	560	0	0	894 818
2000	189 577	276 867	352 108	11 541	0	317	0	0	830 410
2001	168 478	296 172	323 376	9 520	0	184	0	0	797 730
2002	193 633	328 828	310 127	8 473	0	390	89	0	841 540
2003	165 708	338 795	305 044	8 442	607	172	0	0	818 768
2004	172 114	350 161	268 468	9 529	647	209	0	0	801 128
2005	181 275	375 277	295 552	9 663	920	142	0	0	862 829
2006	170 976	388 151	277 866	8 543	1 472	204	0	0	847 212
2007	138 118	371 930	255 747	6 782	1 202	1 692	0	0	775 471
2008	135 577	419 028	233 148	5 452	1 283	3 263	0	0	797 751
2009	138 812	432 631	236 335	12 246	2 961	5 980	0	0	828 965
2010	173 049	452 096	240 896	10 367	3 018	3 926	0	250	883 602
2011	201 808	474 825	215 510	11 319	3 094	1 665	0	0	908 221
2012	195 717	532 300	234 762	11 626	4 051	550	0	0	979 006
2013	180 150	576 573	246 037	10 286	4 143	548	0	0	1 017 737
2014	189 470	600 298	556 388	9 937	4 591	351	0	0	1 361 035
2015	196 094	642 494	556 264	11 587	4 520	330	0	0	1 411 289
2016	218 704	693 533	533 439	10 363	4 719	300	0	0	1 461 058
2017	213 959	720 017	531 330	16 964	4 075	300	0	0	1 486 645

3.2　第二产业生产情况

3.2.1　食品加工

中国的海带食品加工业整体上仍以初级的食品加工为主。加工产品形式主要有淡干、盐渍和烘干3种类型。淡干海带主要是新鲜海带直接晒干或经人工干燥制成海带干制品，根据后续不同加工利用的领域，分为化工菜、食品菜、饲料菜。盐渍海带是以新鲜海带为原料，经烫煮、冷却、盐渍、脱水、切割（整理）等工序加工而成的海带制品。根据不同加工工艺和产品形态，盐渍海带分为海带头、海带片、海带结、海带条、海带丝、海带边等产品。烘干海带是将盐渍海带加工的不同产品经淡水冲洗脱盐后进行热风烘道烘干后的产品。根据盐渍海带不同类型的产品，烘干海带可分为烘干海带头、烘干海带片、烘干海带丝、烘干海带结等。

中国不同地区养殖海带外观与品质多样，因此，可根据原料特性和市场需求加工为不同的产品。盐渍加工更容易进行后续的操作以及烹饪，是海带的主要加工方式。除此之外，福建所产海带中，直接用于海参、鲍饲料的约占总产量的50%（表3.5）。在加工产品中，福建的淡干和烘干海带加工产品较山东、辽宁的多。总体来看，福建海带有50%用于饲料菜，20%为淡干加工，30%为盐渍加工（盐渍海带的0.98%被进一步加工为烘干海带）。山东气候环境非常适宜海带晾晒，约65%的海带直接被淡干加工，约34%的海带被盐渍加工，而只有0.89%的海带被烘干加工，这是由于山东海带生长期长、叶片较厚且胶质较多，不适于烘干加工。辽宁的海带肉质较厚，口感软糯，因场地以及加工销售用途问题，除极少量用于海胆等水产动物饲料外，全部用于盐渍加工（图3.7）。

表3.5 各省不同海带加工方式比例统计表

省区	无加工	淡干	盐渍	烘干
福建	50%	20%	30%	2.04%
山东	1%	65%	34%	0.89%
辽宁	57%	0%	43%	0
浙江	0	100%	0	—

3.2.2　海带化工

目前，中国海带（海藻）化工企业使用的原料主要有巨藻等进口褐藻（65%）和养殖海带（35%）两类。中国市场上已有的海带精深加工产品主要是海藻酸钠、岩藻黄素、岩藻聚糖硫酸酯等，产品形式主要是直接提取物粉末。近年来，已开发出了生产海藻肥的海带提取液，以及海藻植物胶囊、海藻植物饮料、海藻系列化妆品等新型产品。调研显示，2017年度中国海带化工总体使用海带原料约41 444吨，仅占全国海带总量的2.8%。

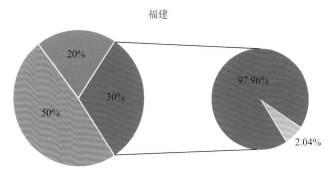

福建

■无加工 ■淡干 ■盐渍 ■烘干

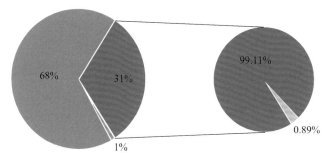

山东

■无加工 ■淡干 ■盐渍 ■烘干

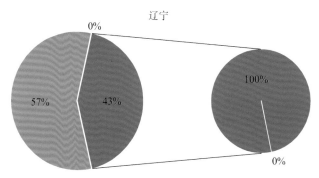

辽宁

■无加工 ■淡干 ■盐渍 ■烘干

图3.7 各省海带加工方式比例图

2017和2018年度，中国的海带化工产品中，褐藻胶及其盐类年产量为20 000～30 000吨，岩藻黄素为0.1～0.5吨，岩藻聚糖硫酸酯为6吨左右，用于生产海藻肥的海带提取液为3 000吨左右。

3.2.3 水产动物饲料

鲜海带是鲍、海参和海胆养殖的主要鲜活饵料。在养殖生产中，鲜海带经过简单切割后直接作为饵料进行投喂。调研显示，2017年度，没有作为养殖产品进行统计的饵料海带约有250万吨（鲜重）。

3.3 行业市场

3.3.1 国内市场

中国的海带产品销售主要包括苗种、海带食品和海带化工产品三大类。其中，海带食品又包括鲜海带、淡干海带、盐渍海带和烘干海带四大类型。

3.3.1.1 苗种

海带苗种市场主要呈现出明显的本土营销模式，同时也存在着"南种北养"的模式。辽宁海带育苗企业仅有1家，主要销售地区是辽宁本地。山东的海带苗种也主要在本省内进行销售，少部分销售至大连地区。福建海带苗种主要在本省内销售，满足福建海带养殖业全部需求，无外省海带苗种售入。此外，福建还有部分苗种销售至山东、辽宁和浙江。

3.3.1.2　食品加工品

福建淡干海带、盐渍海带和烘干海带食品集中在国内市场，除了供应本省外，主要销售至广东、浙江、上海、江苏、江西、福建、陕西、四川等地区，还有少量产品销售至台湾。山东的鲜海带约60%销售至本省或福建作为饲料菜或化工菜，淡干海带、盐渍海带和烘干海带主要销售至四川、重庆、上海、台湾等地。辽宁每年约有7万吨鲜海带销售至福建用作饲料菜，盐渍海带则销售至全国各地。浙江海带因产量少，多数是以鲜海带和淡干海带方式加工，仅有极少量盐渍加工海带产品，且主要在用于本地市场消费。

3.3.1.3　海带化工品

山东和江苏是中国海带化工产业集中地区。海带化工产品的国内销售比例约为55%，出口销售比例约为45%。销售产品仍是以褐藻胶、岩藻聚糖硫酸酯和海带提取液（海藻肥）等为主，销售地区几乎遍布全国各地。

3.3.2　价格

全国农产品批发市场价格监测数据显示，2008～2012年，因市场需求旺盛，海带批发价格逐年上涨，2012年批发价格达到了最高值（10元/斤[①]）。2012年之后，随着中国海带养殖产量快速增加，海带的批发价格有所降低（7元/斤）。近年来，中国海带的市售价格一直维持着较为平稳的状态（图3.8）。

---

① 斤为非法定单位，考虑到生产实际，本书予以保留。

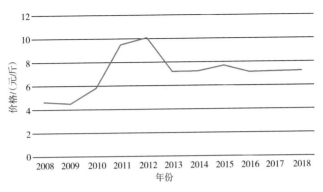

图3.8　2008～2018年度水产批发市场海带市场价格走势图

根据全国主要水产品批发市场的价格数据，2017年1～12月海带批发价格为7.00～8.02元/斤，2018年度为7.00～8.12元/斤，较2017年度无显著变化。整体来看，海带批发市场价格仍处于较稳定的状态。

3.3.3　进出口贸易

根据中国海关信息网有关数据，中国进出口的海带相关产品主要有海带、盐腌海带、褐藻胶、初级形状的藻酸及其盐和酯、未列明海草产品制得的胶液及增稠剂5种类别（表3.6）。其中，海带和盐腌海带是海带的初级加工产品，褐藻胶、初级形状的藻酸及其盐和酯、未列明海草产品制得的胶液及增稠剂是海带的精深加工产品。

表3.6　中国海关海带产品详细分类表

商品编号	商品名称	详细信息
12122110	海带	海带边角料粉（工业用）、淡干海带丝、清净园海带、昆布、鲜海带片、海带结、干海带片

续表

商品编号	商品名称	详细信息
20089932	盐腌海带	海带大片、盐渍海带结、盐渍海带卷、盐渍海带丝、海带、即食海带、海带干、海带丝
13023913	褐藻胶	褐藻胶、褐藻胶（工业用）、褐藻提取液、褐藻胶（褐藻酸铵）、褐藻胶(藻酸丙二醇酯)、褐藻提取物褐藻胶、ALGIN、褐藻胶（褐藻酸钾）
39131000	初级形状的藻酸及其盐和酯	褐藻酸钠60、海藻酸丙二醇酯、藻酸钠、海藻酸钠、藻酸钾、海藻酸钾
13023919	未列明海草产品制得的胶液及增稠剂	褐藻胶增稠剂、海带提取物、海藻提取液/化妆品制造用、复配乳化增稠剂、褐藻粉

3.3.3.1 出口贸易

中国出口的海带产品主要有褐藻胶、盐腌海带和海带3类，出口量占比分别为64.22%、19.81%和10.12%（图3.9）。年出口总额变化不大，基本维持在3亿美元（表3.7、图3.10）。

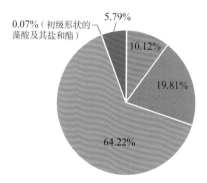

0.07%（初级形状的藻酸及其盐和酯）　5.79%　10.12%　19.81%　64.22%

■海带 ■盐腌海带 ■褐藻胶 ■未列明海草产品制得的胶液及增稠剂

图3.9　2017年中国海带产品出口量占比

表3.7 2014～2017年度中国海带产品出口情况统计表

商品名称	2014年出口量/吨	2014年出口额/美元	2015年出口量/吨	2015年出口额/美元	2016年出口量/吨	2016年出口额/美元	2017年出口量/吨	2017年出口额/美元
海带	10 770.285	67 443 582	4 799.539	15 446 164	4 617.454	14 861 403	4 934.129	16 640 595
盐腌海带	11 882.443	72 850 287	11 209.495	65 764 714	10 937.967	59 211 905	9 660.079	50 096 456
褐藻胶	25 724.268	188 100 080	27 021.707	179 566 164	28 553.085	182 167 687	31 322.509	210 690 660
初级形状的藻酸及其盐和酯	23.085	238 504	3 580.952	21 953 100	17.860	178 960	35.571	423 862
未列明海草产品制得的胶液及增稠剂	4 040.722	25 031 112	60.95	613 139	3 499.699	19 966 644	2 822.409	14 146 784
合计	52 440.803	353 663 565	46 672.643	283 343 281	47 626.065	276 386 599	48 774.697	291 998 357

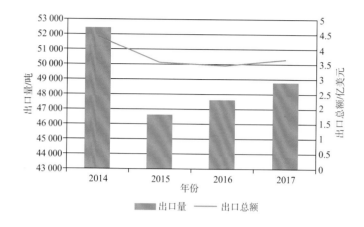

图3.10 2014～2017年度中国海带产品出口量及出口总额

2017年度，中国海带食品出口的国家有俄罗斯、日本、立陶宛、乌克兰、越南、美国。其中，向俄罗斯和日本的出口量位居前两位，分别占中国海带总出口量的35.95%、33.50%。中国盐腌海带出口的国家和地区有台澎金马关税区、俄罗斯、美国、新加坡和日本。其中，对台澎金马关税区的盐腌海带出口量占出口总量的85.70%（图3.11）。

近年来，中国褐藻胶出口的国家和地区未有详细资料。2014年和2015年中国褐藻胶出口的国家和地区有孟加拉国、巴基斯坦、印度、美国、印度尼西亚、韩国、土耳其、日本、德国、台澎金马关税区、泰国。

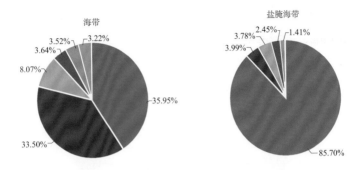

图3.11 2017年度中国海带和盐腌海带出口的国家和地区占比图

3.3.3.2 进口贸易

近年来，中国的海带产品进口总量维持在每年380吨左右。进口总额波动较大，2016年海带产品进口总额为694.15万美元左右，2017年为484.63万美元，下降了约30%（图3.12）。

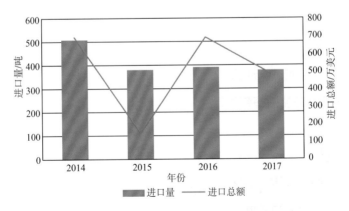

图3.12 2014～2017年度中国海带产品进口量及进口总额

中国进口的海带产品主要有海带、初级形状的藻酸及其盐和酯、盐腌海带3种。其中，海带进口的占比最大，约为33.45%；其次是初级形状的藻酸及其盐和酯，为32.29%；盐腌海带的进口占比为15.18%（图3.13、表3.8）。

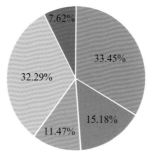

图3.13 2017年度中国海带产品进口量占比图

2017年度，中国进口海带全部来自日本和韩国。其中，从日本进口最多，占86.79%；其余13.21%则由韩国进口。盐腌海带也进口自日本和韩国两个国家。其中，99.93%的盐腌海带进口自韩国，仅有0.07%的盐腌海带来源于日本。2017年度，中国褐藻胶进口的国家也未有详细资料。根据2014年度和2015年度的数据，中国褐藻胶进口的国家和地区有意大利、挪威、法国、台澎金马关税区、德国和印度。

表3.8 2014～2017年度中国海带产品进口情况统计表

商品名称	2014年进口量/吨	2014年进口额/美元	2015年进口量/吨	2015年进口额/美元	2016年进口量/吨	2016年进口额/美元	2017年进口量/吨	2017年进口额/美元
海带	155.191	948 388	136.422	637 716	172.379	692 210.00	125.832	716 767.00
盐腌海带	43.652	76 308	1.246	19 002	22.967	99 271.00	57.092	147 750.00
褐藻胶	20.629	368 176	35.3	690 234	23.121	445 532.00	43.136	400 242.00
初级形状的藻酸及其盐盐和酯	251.131	4 730 893	138.873	35 582.2	130.264	4 832 190	121.457	2 792 743
未列明海草产品制得的胶液及增稠剂	36.603	781 524	66.49	11 914.59	42.487	872 263	28.656	788 824
合计	507.206	6 905 289	378.331	1 394 448.79	391.218	6 941 466	376.173	4 846 326

第四篇　2018海带产业生产现状调研

1　产业产值

根据调研数据，2017年度中国海带产业总产值约为346.7亿元，其中，以育苗和养殖为主的第一产业产值为66.2亿元，以食品加工和海带化工为主的第二产业产值为100.1亿元，以贸易销售、物流、餐饮等为主的第三产业产值约为180亿元。

根据调研数据，2018年度中国海带产业总产值约为301.9亿元，较2017年度下降13%。全年育苗和养殖的第一产业产值为58.1亿元，以食品加工和海带化工为主的第二产业产值为93.8亿元，以贸易销售、物流、餐饮等为主的第三产业产值约为150亿元。

2 产业生产情况

2.1 苗种繁育

2.1.1 生产企业数量

2017和2018年度，中国苗种生产企业集中在福建、山东和辽宁，总计有25家。其中，辽宁大连市1家，山东烟台市2家，山东威海市9家，福建宁德市3家，福建福州市4家，福建福清市1家，福建莆田市5家（表4.1、图4.1）。

表4.1 海带育苗企业及育苗量统计表

地区	福建	山东	辽宁
企业数	13	11	1
育苗总量/万帘	32	18	1

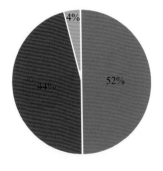

图4.1 海带育苗企业分布情况图

2.1.2　生产能力

全国25家海带育苗企业育苗水体面积为15.4万平方米，单一批次育苗产能为54.5万帘，其中棕帘18万帘，维尼纶帘36.5万帘。棕帘规格为1.2米×0.5米，绳长约62.5米；维尼纶帘规格为0.56米×0.28米，绳长约37.0米。

按照《海带养殖夏苗苗种》（GB/T 15807—2008）中海带苗种测算依据（棕帘每帘5万株商品苗种，维尼纶帘每帘3万株商品苗种）计算，单一批次产能为199.5亿株。根据现场抽样监测结果，棕帘平均苗种数量为347株/厘米，折合每帘苗种数量为217万株；维尼纶帘平均苗种数量为101株/厘米，折合每帘苗种数量为37万株。按照实测数据估算，中国海带苗种单一批次生产能力为5 257亿株。按照普遍养殖生产中每亩[①]使用1～2帘苗种计算，可满足50万～100万亩海带养殖苗种需求。

2.1.3　生产状况

2017年度，全国实际进行海带育苗生产的企业有24家，海带育苗总量为51.3万帘，其中，棕帘19.0万帘，维尼纶帘32.3万帘，育苗产值达到10 568万元。福建育苗量最多，其次是山东，辽宁虽有海带育苗，但由于技术条件等原因，未有销售。

2018年度，全国实际进行海带育苗生产的企业有24

---

① 亩为非法定单位，考虑的生产实际，本书予以保留。

家，海带育苗总量为49.3万帘，其中，棕帘18.6万帘，维尼纶帘30.7万帘。但受养殖规模缩减导致的苗种产能过剩的影响，部分地区苗种价格普遍下调幅度较大，同时，实际销售苗种数量减少。根据估测，2018年秋季全国实际投入养殖生产的海带苗种为32.6万帘，全国海带育苗产值下降至7 786万元，较2017年降低了26.3%（表4.2）。

表4.2 2017～2018年各省海带育苗总量及产值统计表

地区	2017育苗总量/万帘	2017年产值/万元	2018育苗总量/万帘	2018年产值/万元
福建	32.3	5 168	17	4 420
山东	18	5 400	15.3	3 366
辽宁	1	0	0.3	0
合计	51	10 568	32.6	7 786

2.2 养殖

中国海带养殖业的南北方差异明显，北方地区的山东和辽宁是以企业为主的养殖生产，而南方地区的福建、浙江则是以渔民个体或组建农业合作社等方式进行养殖生产。根据不完全统计，全国约有200家海带养殖企业。

2.2.1 养殖面积

《中国渔业统计年鉴（2018）》显示，2017年度全国海带养殖总面积为44 236 公顷，折合66.35万亩。根据调研统计，2017年度全国共有5个省份进行了海带养殖生产，养殖面积为63.66万亩。2018年度全国海带养殖面积为64.57万亩，较2017年度增加1.4%。其中，福建海带养殖面积为31万亩，山东海带养殖面积为18.6万亩，辽宁海带养殖面积为14万亩，浙江海带养殖面积为0.96万亩（表4.3）。

表4.3　2017～2018年各省海带养殖面积统计表

地区	2017年度养殖面积/亩	2018年度养殖面积/亩
福建	300 000	310 000
山东	187 000	186 000
辽宁	140 000	140 000
浙江	9 620	9 660
合计	636 620	645 660

2.2.2　养殖产量

据《中国渔业统计年鉴（2018）》数据显示，2017年度全国海带各类初级加工品（新鲜海带、淡干和盐渍海带）的综合产量约为148.7万吨。据实际调研统计，2017年度全国养殖鲜海带产量为840.6万吨，产值约为65.2亿元。其中，福建海带产量为486.5万吨，产值约为36.5亿元；山东海带产量为223.9万吨，产值约为18亿元；辽宁海带产量为123.7万吨，产值约为9.4亿元；浙江海带产量为6.5万吨，产值约为1.4亿元。

2018年度全国海带养殖鲜海带产量为862.4万吨，较2017年度增加了2.6%；受海带销售价格降低以及采购量下降的影响，2018年度全国海带产值约为57.4亿元，较2017年度降低了12.0%。其中，福建海带产量为500万吨，产值约为30亿元；山东海带产量为232万吨，产值约为16亿元；辽宁海带产量为123.7万吨，产值约为9.9亿元；浙江海带产量为6.7万吨，产值约为1.5亿元（表4.4）。

表4.4　2017～2018年各省海带养殖产量与产值统计表

省区	2017产量/万吨	2017产值/万元	2018产量/万吨	2018产值/万元
福建	486.5	364 875	500	300 000
山东	223.9	180 000	232	160 000
辽宁	123.7	92 700	123.7	98 960
浙江	6.5	14 308	6.7	14 716
合计	840.6	651 883	862.4	573 676

2.3　食品加工

海带食品加工主要包括淡干海带、盐渍海带及其烘干食品等。全国海带食品加工业保持着良好的产业活跃度，根据现场调研和问卷调查，全国海带食品加工企业约有1 460家，集中在福建、山东和辽宁。

辽宁海带加工企业全部集中在大连市，主要包括旅顺区、金石滩区和大李家区，约有160家养殖加工一体化企业。

　　山东海带食品加工企业集中在荣成市和烟台市，有200余家。其中，约20%的企业是养殖加工一体化企业，多数企业仅是从事简单的淡干海带包装后散货批发销售，或者是进行鲜海带煮烫盐渍后转销至其他厂家的小微型企业或个体户。

　　福建海带食品加工企业集中在福州市、宁德市、漳州市，有1 000余家，呈现出少数龙头企业加工生产能力突出、众多小型企业分散的独特方式。

　　目前，市场上的海带产品主要有淡干产品、盐渍产品、烘干产品以及海藻化工产品，产品形式不同，价格也有所差异。中国海带加工产业2017年总产值为825 440万元，2018年为804 440万元。2018年福建海带加工产业较2017年增加，辽宁持平，而山东则较2017年大幅度降低（表4.5）。

表4.5　2017～2018年各省海带食品加工产值统计表（单位：万元）

省区	2017年度	2018年度
福建	376 000	392 000
山东	356 000	319 000
辽宁	93 440	93 440
浙江	未统计	未统计
合计	825 440	804 440

2.4　海带化工

据不完全统计，全国目前仍从事褐藻加工生产的海带化工企业有15家，集中在山东（10家）和江苏（5家）。

2017年度，全国采购海带化工菜41 444吨，采购价格为5 000元/吨，海带化工菜占全部化工原料海藻的比例为33.18%；全国生产各类大宗褐藻化工产品共32 886.1吨，其中褐藻胶及其盐类29 880吨，海带提取液3 000吨，岩藻聚糖硫酸酯6吨，岩藻黄素0.1吨，产值为175 330万元。

2018年度，全国采购海带化工菜42 025吨，采购价格为4 500元/吨，海带化工菜占全部化工原料海藻的比例为35.72%；全国生产各类大宗褐藻化工产品共25 942.7吨，较2017年度降低11.2%。全年生产褐藻胶及其盐类22 836吨，海带提取液3 100吨，岩藻聚糖硫酸酯6.2吨，岩藻黄素0.5吨。2018年度化工产品总产值为133 518.8万元，较2017年度降低23.8%，主要原因是褐藻胶及其盐类销售量减少。

2018年度，中国褐藻胶及其盐类和岩藻聚糖硫酸酯的价格较2017年出现下降。褐藻胶每吨价格降低2 000元，岩藻聚糖硫酸酯每吨价格降低80万元。而2018年度岩藻黄素的价格较2017年度每吨提高2 700万元。

3　产业人员

根据不完全统计，全国全产业链从业人员约为148万人。

3.1　第一产业从业人员

第一产业从业人员主要是从事海带苗种繁育和养殖的人员。根据现场调研和问卷调查统计，2018年度，全国海带第一产业从业人员约为38万人。

3.1.1　苗种繁育人员

海带苗种繁育业因生产企业数量仅有25家，平均每家企业雇工和临时雇工人数从南方地区的20人左右至北方地区的60人左右不等，苗种繁育整体从业人员数量约为0.1万人。

3.1.2　养殖人员

海带养殖业生产包括企业化生产经营和个体户承包生产两种方式，从业人员数量难以进行准确估算。据调查，每10亩海带养殖仅需6人。按2018年度海带养殖面积为64.5万亩估算，全国从事海带养殖的人员约有38万人。

3.2　第二产业从业人员

第二产业从业人员主要是从事海带食品加工和海藻化

工的企业人员。根据现场调研和问卷调查统计，2018年度全国海带第二产业从业人员约为30万人。

福建和山东规模化的海带加工企业较多。福建从事海带加工的人员约有24万人，山东约有5万人。辽宁大连地区也有约150家养殖和加工一体化企业，从事海带加工的人员约为1万人。

3.3　第三产业从业人员

第三产业从业人员是指从事海带销售与运输、餐饮、养殖和育苗器具生产等工作的人员。根据成规模海带养殖加工企业提供的数据测算，全国海带第三产业从业人员数量约为80万人。

4　产业政策

4.1　国家政策

国家高度重视包括海带产业在内的渔业、食品和生物技术产业发展。中共十八大报告提出，提高海洋资源开发能力，发展海洋经济，保护海洋生态环境，坚决维护国家海洋权益，建设海洋强国。国家"十三五"规划（2016～2020年）中指出"壮大海洋经济，科学开发海洋资源"以及"农林牧渔结合、种养加一体、一二三产业融合发展"等重点任务。《国务院关于促进海洋渔业持续健康发展的若干意见》（国发〔2013〕11号）提出"科学发展海水养殖"和"大力发展海水产品加工和流通"两大发展目标。农业农村部在发布的《全国渔业发展第十三个五年规划（2016～2020年）》中提出要推进现代渔业种业、水产养殖转型升级等10项重点建设工程的实施。《国家中长期科学和技术发展规划纲要（2006～2020年）》中指出，未来中国将"实施蓝色海洋食物科技发展计划，推动现代海洋渔业体系建设"。

4.2　地方政策

近年来，中国各海带主产省份相继发布有关海带的产业规划和指导意见，促进海带产业可持续发展。

4.2.1　福建产业政策

2010年11月，连江县人民政府发布了《关于鼓励发展海带、鲍鱼精深加工的意见》，提出鼓励海带加工企业购置成套先进设备，鼓励海带加工企业加大技术引进和创新，支持企业进行新产品开发，鼓励新建海带精深加工企业，对加工企业购买先进设备、引进新技术等进行资金扶持和奖励。

2018年3月，福建省人民政府发布了《关于促进农产品加工业发展的实施意见》，提出支持霞浦紫菜、连江海带等优势特色农产品加工园区建设。

4.2.2　山东产业政策

2015年，威海市人民政府发布的《关于促进现代海洋渔业持续健康发展的实施意见》提出：强化保障措施，完善扶持政策，自2015年起，市级专项资金每年不少于5 000万元；加大金融支渔惠渔力度，对重点海洋渔业项目提供项目贷款、并购贷款和流动资金贷款等授信支持。

2016年5月31日，荣成市人民政府发布的《荣成市人民政府关于促进全市海带产业健康发展的意见》提出：健全流通服务体系，大力开拓销售市场；加强科技创新和产品研发，做大做强精深加工业；加强行业管理，严格行业自律；加强指导服务，优化发展环境。

2017年3月20日，山东省人民政府发布了《山东省农业现代化规划（2016～2020年）》，提出大力发展水产健康养殖，重视海洋藻类和耐盐碱蔬菜栽培，大力推广藻类生态立体养殖模式，鼓励发展不投饵、不用药的全生态链养殖。到2020年，力争海参、海带全产业链年产值均过千亿元。

2018年6月25日，山东省人民政府发布《山东省医养健康产业发展规划（2018～2022年）》，提出实施"海上粮仓"战略，推进海洋牧场建设，积极发展藻类等具有药用价值、保健功能的海产品种植养殖，打造海带等海洋健康食品生产基地。

2018年5月8日，山东省委、山东省人民政府颁布的《山东海洋强省建设行动方案》中提出：加快海藻生物制品、海藻肥等优势产品提档升级，培育壮大一批具有较强自主创新能力和市场竞争力的龙头企业；做大做强做精海藻化工，开发化妆用品、保健用品、医用等高附加值产品，推动产业链向高端延伸。

4.2.3　辽宁产业政策

2017年11月19日，《大连市人民政府办公厅关于印发大连市战略性新兴产业发展实施方案（2018～2020年）的通知》（大政办发〔2017〕133号）提出：积极发展海洋生物和海洋制品业；充分挖掘海带等优势海产品功能，研发具有辅助降血脂、预防心脑血管病、动脉硬化、糖尿病、骨质疏松、贫血等病症及益智延寿、促进生长发育等功能的新型食品。

第五篇　海带养殖业投入产出成本分析

　　海带产业总体可分为三大链条，包括上游的育苗、中游的养殖和下游的加工业。海带育苗和养殖业属于农业产业，无须缴纳国家和地方税；而加工业则应归类到食品加工业等第二产业，需要按照国家规定缴纳增值税和营业税等税费。相对而言，中国海带养殖业地域分布较广，从业主体类型包括公司和个体户两种，尤其是南方地区（包括浙江、福建和广东）所面向的渔民群体更大，涉及渔民就业和增收问题，因此，仅就海带养殖进行产业成本分析的探讨。本部分数据来自农业农村部渔业渔政管理局组织的渔情监测统计工作，监测调查数据分别来自北方的山东和南方的福建。在剔除异常数据、按照历史数据补充不完整数据后，对所获数据进行了进一步的统计和分析。其中，福建6个监测点仅保留了5个监测点的数据，山东使用了全部的5个监测点的数据。对于部分缺少苗种费用的数据，用历史成本数据进行了补充。

1　福建海带养殖业的投入产出分析

2017年和2018年，福建海带养殖业的投入产出比分别为1∶1.91和1∶1.59。5个养殖监测点2017年总投入为55.9万元，2018年总投入为59.2万元，投入上涨主要来自人工费；2017年养殖总收入为107.3万元，2018年养殖总收入为94.3万元，养殖总收入下降的主要原因是价格下降，平均价格由2017年的1.97元/千克下降至2018年的1.26元/千克，降幅约为36%。

从海带养殖业投入的结构来看，福建海带养殖投入主要包括苗种、燃料、海域租金、养殖器材折旧、人工和其他杂费6类。2017年度和2018年度的养殖投入分别为55.9万元和59.2万元，同比增加5.9%。其中，人工费是养殖总投入的主要项目，2017年和2018年分别占45%、50%；其次为养殖器材折旧费，分别为28%和30%；苗种、燃料和海域租金基本稳定，两年中三项合计约占总投入的11%。

福建其他筏式养殖业包括坛紫菜养殖和鲍养殖两大产业，产业组织方式和生产方式与海带养殖基本类似。近两年，坛紫菜养殖业的投入产出比平均为1∶4，鲍养殖业的投入产出比平均为1∶1.15。福建海带养殖业产出与投入的比值高于本省鲍养殖业，而低于坛紫菜养殖业。

2 山东海带养殖业的投入产出分析

2018年，山东海带养殖业的投入产出比为1∶1.58。烟台长岛县和威海荣成市5个养殖监测点2018年总投入为1 673.7万元，总收入为2 652.2万元。

从海带养殖业投入的结构来看，山东海带养殖投入主要包括苗种、燃料、海域租金、养殖器材折旧、人工、水电和保险等服务性支出6类。2018年度养殖投入为1 073.7万元。其中，人工费是养殖总投入的主要项目，占67.8%；其次为燃料费，约占17.6%；水电和保险等服务性支出约占5.7%；海域租金占1.8%；苗种和养殖器材折旧费分别约占3.8%和0.3%。

山东其他筏式养殖业包括扇贝养殖和鲍养殖两大产业。近两年山东扇贝养殖业的投入产出比平均为1∶1.73，鲍养殖业的投入产出比平均为1∶1.04。山东海带养殖业产出与投入的比值低于本省扇贝养殖业，而高于鲍养殖业。

3　南北方地区海带养殖业的投入产出对比分析

　　海带养殖业的投入即为养殖成本，主要包括海域租用、养殖器材折旧、养殖苗种、养殖船燃料、人工、水电和保险等服务性支出共六大部分。而中国南北方海带养殖业的产业模式截然不同：北方地区的辽宁和山东是以公司为主体，养殖面积少则几百亩，多则近万亩；南方地区的浙江和福建则是以渔民家庭为主体，养殖面积一般在几亩到几十亩，极少能达到百亩以上。这两种不同的产业组织方式在成本构成种类方面接近，但在各类生产投入成本的比例方面以及养成品价格方面存在着巨大的差异。

　　2018年度，福建海带养殖业本户人工与雇工比例为1：0.44，体现出对本地渔民家庭成员就业的贡献；而山东海带养殖业本单位人工与雇工比例为1：8.81，体现出对提供外来雇工就业岗位的贡献。

从监测点的养成品单价来看，山东5个监测点的2018年海带单价为2.20元/千克，而福建5个监测点的2018年单价仅为1.26元/千克，山东海带价格是福建省的1.76倍，价格差异直接导致了两省间养殖效益差异。福建海带养成品加工规模和比例远低于山东，下游加工业的生产能力和生产产品种类直接影响了海带养殖价格和效益。

从海带养殖业的投入产出效益的比例来看，北方山东省的海带养殖业产出与投入的比值明显高于南方福建。2018年山东海带养殖业的投入产出比为1：1.58，福建海带养殖业的投入产出比为1：1.59，两地投入产出比基本一致。就实际海带养殖人工生产效率（每吨海带养成品投入的人工天数）而言，2018年度，山东海带养殖效率为2.5（人·天）/吨，而福建仅为1.5（人·天）/吨。考虑到养殖周期差异的因素（山东为280天，福建为190天，比例为1.5：1），福建人工生产效率折合为2.25（人·天）/吨，仍然高于山东。

从海带养殖投入的成本结构来看，北方地区山东的人工成本较高，约占总投入的3/4，而南方地区福建人工成本仅占总投入的1/2，反映出大规模养殖对人工数量和投入工作天数的依赖。北方地区山东的燃料费占养殖总投入的比例是福建的2倍，同样反映出大规模养殖对日常管理操作的需求。福建和山东不同产业组织方式对生产成本的影响还具体体现在养殖器材折旧方面，山东仅占总投入的0.3%，而福建则占28%，南方地区较为简易的养殖器材（绳索以及泡沫浮子）实质上更易损耗。

相比较而言，南北方海带养殖业的海域租金成本较为一致，均约为养殖总投入的3%。同样地，苗种费对海带养殖总投入的影响也较小，福建比例约为3%，山东比例约为3.89%，两地基本一致（表5.1）。

表5.1　2018年山东和福建海带养殖投入产出对比表

项目	山东	福建
养殖投入产出比	1∶1.58	1∶1.59
养成品单价	2.22元/千克	1.26元/千克
人工生产效率	2.5（人·天）/吨	1.5（人·天）/吨
人工费占养殖投入比例	67.8%	50.1%
海域租用占养殖投入比例	1.8%	5%
养殖器材折旧占养殖投入比例	0.3%	28%
养殖船燃料占养殖投入比例	17.6%	3.3%
服务性支出占养殖投入比例	5.7%	10.2%
养殖苗种占养殖投入比例	3.89%	3%

从筏式海水养殖的对比分析情况来看，海带养殖产出与投入的比值处于中游水平，在北方地区低于扇贝养殖，在南方地区低于坛紫菜养殖，在南北方均高于鲍养殖。但

从养殖风险的角度来看，海带养殖受病害影响小，养殖收益的稳定性要远远高于紫菜和水产动物养殖。因此，海带养殖整体上属于低成本和稳定产出的海水养殖产业。并且，就养殖投入成本而言，低廉的苗种价格以及养殖过程中无须饲喂等成本优势更为明显，养殖技术易于掌握且中间养殖管理简便，非常适宜贫困家庭从事生产。

第六篇　中国荣成海鲜·海带价格指数

由山东省物价局组织、中国海洋大学等单位联合完成的"中国荣成海鲜·海带价格指数"工作，作为中国海带商品销售运行监督与管理的新举措，将对中国海带产业发展以及全球海带产业发展产生重要的推动作用。

荣成素有"中国海带之乡"的美誉，沿海分布着大大小小的海湾10个、岛屿50个。荣成海域面积广阔，水质条件优越，海水营养物质丰富，特别适合海带等藻类的生长和繁衍。荣成海带养殖面积和产量多年位居全国前列，有较强的影响力和辐射力。但相对而言，荣成海带还没有在市场竞争中占据优势地位，未掌握主动权，市场价格波动性比较大，影响了荣成海带产业的良性发展。因此，为了发挥市场价格指数与监测预警的"晴雨表"和"信号灯"的重要功能，进一步发挥荣成海带产业产量高、质量过硬、产品多样等优势，促进产业可持续健康发展，山东省海带价格指数编制团队编制了"中国荣成海鲜·海带价格指数"，并进行社会化的信息公共服务。

1　整体架构设计

荣成海鲜·海带价格指数由海带单品价格指数、海带综合价格指数、企业景气指数和企业家信心指数组成。

1.1　海带单品价格指数

海带单品价格指数综合反映了单一海带产品的价格变动情况。当海带单品价格指数上升时，显示出海带单品价格的上升，同时反映了市场需求的扩张；反之，当海带单品价格指数下降时，显示出海带单品价格的下降，同时反映了市场需求的缩减。

1.2　海带综合价格指数

海带综合价格指数综合反映了海带市场整体价格的变动情况。当海带综合价格指数上升时，显示出海带市场整体价格的上升，同时反映了市场需求的扩张；反之，当海带综合价格指数下降时，显示出海带市场整体价格的下降，同时反映了市场需求的缩减。

1.3　企业景气指数

企业景气指数是根据企业负责人对本企业综合生产经营情况的判断与预期而编制的指数，用以综合反映企业的生产经营状况。企业景气指数用正数形式表示，以100作为景气指数临界值，其数值范围为0～200。当景气指数大于临界值100时，表明经济状况趋于上升或改善，处于景气状态；当景气指数小于临界值时，表明经济状况趋于下降或不景气状态。

1.4 企业家信心指数

企业家信心指数综合反映了企业家对当前宏观经济形势和海带产业发展趋势的乐观程度。企业家信心指数的取值范围为0～200，以100为临界值。当指数大于100时，反映企业家信心是积极的、乐观的，越接近200，乐观程度越高；当指数小于100时，反映企业家信心是消极的、悲观的，越接近0，悲观程度越深。

2 主要功能分解

2.1 荣成海鲜·海带价格指数平台架构

荣成海鲜·海带价格指数平台的架构见图6.1。

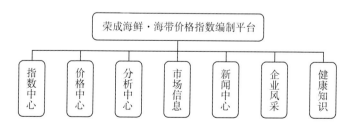

图6.1 荣成海鲜·海带价格指数平台板块架构图

2.2　海带价格指数架构

荣成海鲜·海带价格指数由8个海带单品价格指数、3个二级海带综合价格指数、1个一级海带综合价格指数，1个企业景气指数、1个企业家信心指数组成（图6.2）。现有价格指数暂未将烘干海带列入。

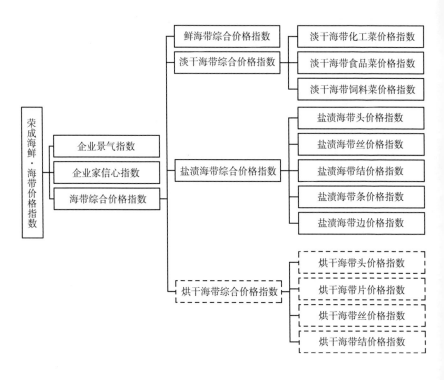

图6.2　荣成海鲜·海带价格指数构架图

2.3　荣成海鲜·海带价格指数编制

通过调研讨论和专家咨询，确定荣成海带分类体系和荣成海鲜·海带价格指数代表规格品，通过计算对比选择荣成海鲜·海带价格指数编制模型，确保荣成海鲜·海带价格指数准确高效地反映荣成海带价格波动情况。

调研发现，不同企业对海带的分类千差万别，存在着交叉、重复的现象。究其原因，是分类的依据没有统一，不同分类下的产品又相互组合，形成了叫法不一的产品。针对以上现实情况，从不同的分类标准出发，分别对海带进行了分类，使海带分类做到更加针对化、更加全方位，同时也更加具有实用性。与此同时，项目组从荣成市海带企业的实际情况出发，综合考虑荣成市海带产业的产业结构、产品结构、企业重要性、产品数量等影响海带价格指数的重要因素，最终提出了兼具实用性与可操作性的荣成市海带价格指数代表规格品分类体系，并对代表规格品进行了编码。

2.3.1　按照海带产品形态分类

海带产品按照形态可以分为海带板菜、海带丝、海带结、海带条、海带边。

2.3.2　按照品质级别分类

参照《干海带》（SC/T 3202—2012），将海带按照品质分为一级品、二级品、三级品。

一级品：叶体清洁平展，平直部为深褐色至浅褐色，两棵叶体间无粘贴，无霉变，无花斑，无海带根。

二级品：叶体清洁平展，平直部为褐色至黄褐色，两棵叶体间无粘贴，无霉变，允许有花斑，其面积之和不超过叶体面积的5%，无海带根。

三级品：平直部为浅褐色至绿褐色，两棵叶体间无粘贴，允许有花斑，其面积之和不超过叶体面积的8%，无海带根。

2.3.3 按照成熟程度分类

板菜是指去掉海带头和海带梢之后的中间部分。海带按照成熟程度可以分为绿板菜、黄板菜、红板菜（实际上为海带品种、水质、生长阶段、营养物质合成与积累等差异导致的后续加工品显色变化）。

3 代表规格品选取

为了分类体系的完整性，首先从不同的标准出发对海带产品进行了分类，最终形成了荣成海鲜·海带价格指数产品分类。代表规格品的选择需要兼顾其作为指数的操作性、可行性等问题。

3.1 代表规格品的定义及作用

代表规格品是指按一定原则从全部商品中抽选出来的

最有代表性的规格品，即编制价格指数的样本商品。

　　价格指数应根据市场实际价格来计算，但市场商品多种多样，品牌、型号、规格、等级、花色、式样等千差万别。因此必须从全部商品中选择一些购、销量较大而有代表性的商品作为代表规格品。用代表规格品的价格升降情况，来综合反映全部商品价格变动的趋势和程度。

3.2　代表规格品的选取依据

　　在产品分类中，鲜海带按用途分可以分为鲜海带食品菜、鲜海带化工菜、鲜海带饲料菜。其中，鲜海带化工菜又可以分为鲜化工菜和腌化工菜，且两者价格相差较大，所以将鲜海带食品菜、鲜海带饲料菜、鲜化工菜和腌化工菜纳入规格品。淡干海带的下一级分类——淡干海带食品菜、淡干海带化工菜、淡干海带饲料菜的价格相差较大，且在销售中也会有明确的记录，所以将淡干海带食品菜、淡干海带化工菜、淡干海带饲料菜都纳入代表规格品。对于盐渍海带，从指数的实用性和编制工作的可行性出发，将盐渍海带大头、盐渍海带中头、盐渍海带小头、盐渍海带一级丝、盐渍海带二级丝、盐渍海带边丝、盐渍海带大结、盐渍海带小结、盐渍海带条、盐渍海带边纳入代表规格品。烘干海带是新兴的产品，销售数据不多，现阶段未将其纳入代表规格品；在后期数据完善后，可以将其纳入代表规格品。

4 指数编制模型选择

4.1 指数编制模型的确定

从价格指数计算方法来看，指数编制方法至少分为未加权和加权两种方法。考虑到分类指数编制、发布、运用的需要，荣成海鲜·海带价格指数采用加权综合指数的Fisher指数模型进行编制。

4.2 单品价格指数模型设计

单品价格指数就是基本分类的价格指数。在计算单品价格指数时，采用固定权重的加权算术平均指数法编制。

结合海带单品价格的波动情况以及实际数据采集情况，本技术方案将海带单品价格指数的计算周期分为三部分：

年价格指数：以海带单品价格的某年波动为依据，计算海带单品年价格指数。

月价格指数：以海带单品价格的某月波动为依据，计算海带单品月价格指数。

周价格指数：以海带单品价格的某周波动为依据，计算海带单品周价格指数。

4.3 综合产品价格指数模型设计

综合产品价格指数是基于不同分类对规格品进行加

权综合计算的价格指数。在计算海带综合产品价格指数时，本技术方案采用加权综合指数的Fisher指数模型进行。

结合海带综合产品价格的波动情况以及实际数据采集情况，本技术方案将海带综合产品价格指数的计算周期分为三部分：

年价格指数：以海带综合产品的某年价格波动为依据，计算海带综合产品年价格指数。

月价格指数：以海带综合产品的某月价格波动为依据，计算海带综合产品月价格指数。

周价格指数：以海带综合产品的某周价格波动为依据，计算海带综合产品周价格指数。

4.4 企业景气指数和企业家信心指数模型设计

针对荣成海鲜·海带价格指数体系，设计了企业景气指数和企业家信心指数来综合反应荣成企业的发展状况和行业发展趋势。

行业景气指数是对企业景气调查中的定性指标通过定量方法加工汇总，综合反映某一特定调查群体或某一社会经济现象所处的状态或发展趋势的一种指标。

企业景气调查是通过对部分企业负责人定期进行问卷调查，并根据他们对企业经营状况及宏观经济环境的判断和预期来编制景气指数和信心指数，从而准确、及时地反映宏观经济运行态势和企业经营状况，预测经济发展的变动趋势的一种调查统计方法。

企业景气调查以问卷为调查形式，以定性为主、定量为辅，定性与定量相结合的景气指标为体系。问卷设计遵循以下原则：一是所设计问题为企业经营中最核心的问题；二是所设计问题一般不能或无法及时从常规统计数据中获得；三是尽可能了解预期信息，用于对未来经济、行业走势的预判。

海带企业景气调查的范围覆盖海带养殖企业和海带加工企业。

调查内容包括企业基本情况、企业家对本企业生产经营景气状况的判断、企业家对本行业景气状况的判断和企业家对企业生产经营问题的判断。

企业的基本情况包括企业性质、养殖企业海域面积、鲜海带年销售量、干海带年销售量、加工企业占地面积、鲜海带年进货量、干海带年进货量、企业员工数量。

企业家对本企业生产经营景气状况的判断包括企业盈利情况、企业总体经营状况、原材料购进价格、产品销售价格、销量情况、存货周转速度、资金周转状况、销货款回笼情况、员工工资费用、税费情况（表6.1）。

表6.1 与企业景气指数相关的指标权重表

序号	指标	权重
1	企业盈利状况	0.125
2	企业总体经营状况	0.119
3	销售价格	0.114
4	销量情况	0.109
5	销货款回笼情况	0.101
6	员工工资费用	0.097
7	资金周转状况	0.089
8	原材料购进价格	0.085
9	存货周转速度	0.083
10	税费情况	0.078

企业家对本行业景气状况的判断包括当前宏观经济形势、海带行业总体经营状况、海带市场需求、海带市场供应、商品流通速度（跨省份交易频率）、行业就业规模、气候环境对海带生产的促进、民众对海带营养保健功能的认知（表6.2）。

表6.2 与企业家信心指数相关的指标权重表

序号	指标	权重
1	当前宏观经济形势	0.153
2	行业总体经营状况	0.147

续表

序号	指标	权重
3	海带市场需求	0.141
4	海带市场供应	0.133
5	商品流通速度（跨省份交易频率）	0.116
6	气候、环境对海带生产的促进	0.111
7	民众对海带营养保健功能的认知	0.103
8	行业就业规模	0.096

企业家对企业生产经营问题的判断包括企业面临的一些基本问题和企业家提出的其他问题。

调查频率为月报，每月最后一周的周一上午10点之前，采价员将企业负责人填写的问卷输入系统或企业负责人直接在系统中填写，周一下午上班时间发布指数。

5　荣成海鲜·海带价格指数计算

编制说明对采价、数据处理、基期、基点等内容进行详细的说明；具体描述了海带的价格、销售量等数据的采集方式，处理原始数据的方法，基期的概念以及确定方法及结果。数据采集流程见图6.3。

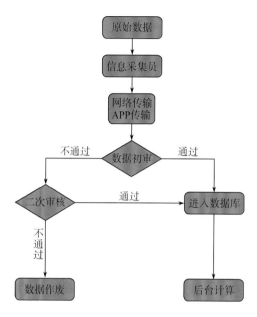

图6.3 数据采集流程图

目前，在国内外并没有成熟的海带及海带相关产品的价格指数。海带并非生活必需品，相对小众一些，暂时并没有找到相关价格指数或宏观指数进行相关分析和对比分析。因此，采用经济学的理论对价格指数进行验证，以海带综合指数为例进行分析。

将海带综合价格指数与海带综合价格的数据进行标准
化处理，绘制统一量纲后的海带综合价格指数与海带综合
价格的对比图（图6.4～图6.6）。

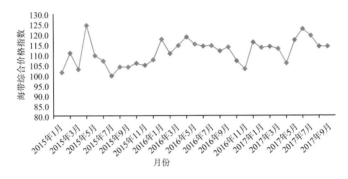

图6.4　2015～2017年荣成海带综合价格指数（Fisher指数）

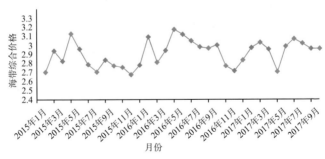

图6.5　2015～2017年荣成海带综合价格波动图

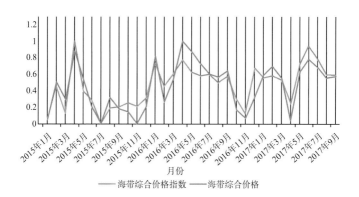

图6.6　统一量纲后的海带综合价格指数与海带综合价格的对比图

从对比图可见，海带综合价格指数和海带综合价格的波动一致，说明海带综合价格指数能够准确反映海带综合价格的波动情况。根据价格指数的波动情况，2015年荣成海带价格相对较低，这是由于2015年山东其他地区的海带产量大幅度提升，造成了供给大于需求。2016年和2017年荣成海带价格有所提高且价格基本维持稳定。2017年7月，环保部门加强对海带加工的管理，一些加工工序较多、污染较大的生产链被叫停整改，一些价格较高的产品的生产量减少，使2017年8、9月份的销售价格变低。实际测算结果表明，海带综合价格指数能够较为准确地反映实际市场上海带的价格变动情况。

二者的相关系数高达91.34%，表明两变量是高度正相关的，海带综合产品的平均价格越高，海带综合价格指数越高，海带综合价格指数能够有效地展示海带综合产品的平均价格。

6　运行效果的实证分析及应用

6.1　荣成海鲜·海带价格指数走势分析

6.1.1　海带综合价格指数走势分析

运用荣成海鲜·海带价格指数模型，分别测算出2015年1月～2018年6月的海带综合价格指数走势图（以2015年数据为基期）。

6.1.1.1　鲜海带综合价格指数

从图6.7可以看出，除去其他因素的干扰，2015年初到2018年上半年的鲜海带综合价格指数波动较大，这是由于鲜海带的基期价格较低，轻微的价格波动都会引起价格指数波动剧烈，由于鲜海带一般从每年4月份开始打捞，一直持续到6月份，鲜海带的销售旺季为同年的4～8月，在这期间销售量较大，价格波动相对稳定；其他时期交易量较少，价格指数可能由于较少的交易量而产生更大的波动。

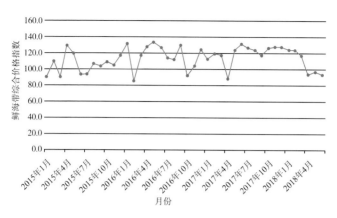

图6.7　2015年1月～2018年6月鲜海带综合价格指数（Fisher指数）

　　由图6.8可以看出，与其他海带综合价格指数相比，2015年初到2018年上半年的淡干海带综合价格指数波动幅度较小。由于淡干海带一年四季都是正常交易，交易次数频繁，因此淡干海带价格的波动幅度较小，始终保持在很小的区间内。由图中还可以发现，淡干海带综合价格指

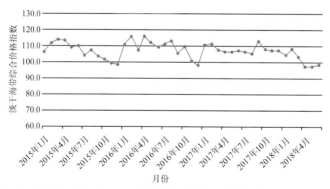

图6.8　2015年1月～2018年6月淡干海带综合价格指数（Fisher指数）

数在每年的1～3月会出现峰值。一方面，每年年初（1～3月）鲜海带尚未打捞，市场对海带的需求暂时转向淡干海带，从而使得淡干海带供不应求，价格上涨；另一方面，每年的下半年属于淡干海带销售旺季，此时市场交易活跃，淡干海带价格出现小幅下降。

6.1.1.2　盐渍海带综合价格指数

由图6.9可以看出，与其他海带综合产品的价格指数相比，2015年初到2018年上半年的盐渍海带价格指数的波动幅度较小。调研发现荣成的海带市场管理机制正逐步完善，价格机制逐渐趋于合理化，因此盐渍海带的价格始终保持在一定范围内变化，总体处于较为均衡的状态。由于盐渍海带一年四季生产且对加工工艺要求较高，销售流程较为规范，供求较为平衡，极少出现由于极端天气造成价格波动的情况，因此盐渍海带价格指数的波动幅度较小。

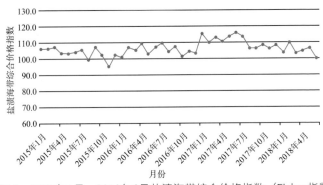

图6.9　2015年1月～2018年6月盐渍海带综合价格指数（Fisher指数）

6.1.2　海带综合价格指数走势分析

从图6.10可以看出，2015年1月～2018年6月的海带综合价格指数始终保持在一定幅度以内上下波动。每年的1～6月，海带市场的产品较少，综合价格有所上升；6月鲜海带上市后，淡干海带和盐渍海带的数量大幅度上升，价格有所回落。据调研，2017年7月起，环保部门加强对海带加工的治理，一些相对加工工序较多、污染较大的生产链被叫停整改，从而使得海带综合价格指数出现较大的波动。2018年3～6月，海带产品价格持续走低，这是因为当年买方定价较低，说明荣成海带市场仍是买方市场，加上受连续阴雨天气的影响，当年海带质量有所下降。

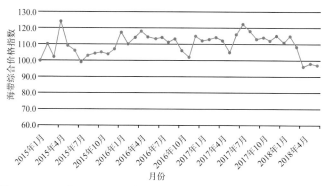

图6.10　2015年1月～2018年6月海带综合价格指数（Fisher指数）

市场因素。海带由于受自身属性以及市场因素的影响，价格始终保持在很小的范围内波动。一方面，由于海带并不是生活必需品，因此它的价格波动对市场的供求变化更加敏感。另一方面，海带的替代品裙带菜的生产在近两年发展迅速，因而海带的价格波动也会受到一定的影响。此外，目前中国仅是海带的生产强国而并非加工强国，海带产品的附加值较低，利润空间小，这也是中国海带价格一直在较低水平徘徊的主要原因之一。

自然环境因素。海带作为农业养殖产品，产量受自然环境因素影响明显。在海带处于收割期（每年4～7月）的时候，海带产品交易活跃，价格波动明显。海带产量同样受天气影响，海带收获季节最怕阴雨天，而连续的阴多晴少天气将会减缓海带收获速度。

政府市场管控。近年来，海带的价格管控机制不断发生变化。地方政府迅速调整价格管控机制对海带产销秩序实行了统一管理、统一质量标准、统一销售标准，扼制了恶性竞争，使整个行业走上了良性循环的轨道，海带价格开始回升。海带产业的市场竞争机制从起初的恶性价格竞争到现在的逐步公平公正，经历了一个非常艰难的变革时期。事实表明，政府对行业进行有效管理，有利于促进整个行业保持良好的秩序，有利于推动整个行业的健康发展。

6.2 荣成海鲜·海带价格指数应用分析

6.2.1 指数的价格发现功能

价格发现功能是指在一个公开、公平、高效、竞争的期货市场中，通过期货交易形成的期货价格，有真实性、预期性、连续性和权威性的特点，能够比较真实地反映出商品价格的变动趋势。

6.2.2　价格指数衍生品的开发

6.2.2.1　荣成海鲜·海带价格指数期货品种

期货市场具有发现价格、管理风险和投资等基本功能。荣成海鲜·海带价格指数是反映海带现货市场总体走势的综合指数，适时推出其期货产品，将为投资者提供新的投资工具，进一步发挥期货市场的功能。

6.2.2.2　荣成海鲜·海带价格指数互换

可以仿照国际上关于大宗商品的互换产品，如石油互换、天然气互换、铁矿石互换等品种，设计出基于荣成海鲜·海带价格指数的互换产品，采取价格指数交换固定价格、国内外指数交换等形式，以满足现货商和贸易商的需求。

6.2.2.3　荣成海鲜·海带价格指数ETF

可以仿照商品指数ETF、股票价格指数ETF，在适当时机推出荣成海鲜·海带价格指数基金，通过基金稳定市场价格，满足现货市场和远期市场的投资交易。其他产品，如荣成海鲜·海带价格指数期权、结构产品也可以设计实施。

6.3　荣成海鲜·海带价格指数发布

6.3.1　荣成海鲜·海带价格指数发布流程

专职调查员收集企业周销售数据，进行数据初审、数据录入、计算机二次审核、指数计算、数据的可视化呈现等流程，实现指数发布。

6.3.2　荣成海鲜·海带价格指数发布频率及时间

6.3.2.1　荣成海鲜·海带价格指数

荣成海鲜·海带价格指数发布频率为每周1次。信息采集员录入数据的截止时间是每周一上午10点，数据经过后台审核、计算后形成相应指数，由海商中心在周一下午5点之前完成发布。

6.3.2.2　荣成海鲜·海带企业景气指数和企业家信心指数

荣成海鲜·海带企业景气指数、荣成海鲜·海带企业家信心指数由海商中心发布，发布频率为每月1次。信息采集员将每月收集到的针对企业负责人的调查问卷于每月最后一周上午10点之前提交到相应数据库，问卷经过后台审核、计算后形成相应指数，在当天下午5点之前完成发布。

参考文献：

安蕾，李兴绪.地区"菜篮子"价格指数编制方法研究——以云南省16州市价格监测数据为例［J］.价格理论与实践.

陈国政.上市公司景气指数指标体系构建研究［J］.上海经济研究，2017（12）：47—56.

陈苗.欧盟企业景气调查实践及对我国的启示［J］.中国统计，2018（11）：70—72.

崔秀红，张江伟.蔬菜价格高位运行粮油价格持续平稳——2018年9月北京市农产品批发价格指数点评［J］.价格理论与实践，2018（10）：166.

方松海，马晓河，黄汉权.当前农产品价格上涨的原因分析［J］.农业经济问题，2008，6：20—26.

韩显男，刘刚.煤炭价格指数研究综述与展望［J］.中国物价，2018（12）：73—75.

李敏.中国价格指数传导机制实证研究［J］.特区经济，2018（5）：113—115.

任栋，王琦，周丽晖.关于统计指数研究的新思考［J］.统计与决策，2012（7）：8—11.

王磊.基于综合指标体系的江苏省中小外贸企业景气指数及变动分析［J］.贵州商学院学报，2017，30（2）：9—14

王燕茹，王凯凯.加权马尔可夫模型在企业景气指数预测中的应用［J］.统计与决策，2018，34（3）：175—178.

王志刚，向祎.经济向好态势仍需进一步巩固——2017年上半年宏观经济分析及展望［J］.价格理论与实践，2017（6）：18—22.

徐国祥.统计指数理论及应用［M］.北京：中国统计出版社，2004.

徐国祥.我国统计指数理论和应用研究的新领域［J］.统计与决策，2007（10）：170，169.

徐国祥，刘璐.中国消费者信心指数与居民消费价格指数的关系研究［J］.统计与决策，2018，34（23）：5—10.

殷克东.中国海洋经济周期波动监测预警研究［M］.北京：人民出版社，2016.

殷克东，高金田，方胜民.海洋经济蓝皮书：中国海洋经济发展报告（2015—2018年）［R］.北京：社会科学文献出版社，2018.

詹婷，邓光明.我国两类PMI与CPI关系的统计检验［J］.统计与决策，2018，34（22）：31—35.

张晓峒.计量经济学［M］.北京：清华大学出版社，2017.

Eurostat.. Handbook for EU Agricultural Price Statistics［M］. Luxembourg: Office for Official Publications of the European

Communities, 2002.

USDA National Agricultural Statistics Service. Price Program—History, Concepts, Methodology, Analysis, Estimates and Dissemination ［R］. Washington D.C., 2011.

第七篇　海带产业电子商务分析报告

电子商务是利用信息产业技术进行的商务活动。中国的电子商务贸易主要平台包括零售平台和批发平台。其中零售平台以淘宝、京东、中粮我买网（生鲜代表平台）为主，批发平台以阿里巴巴平台为主。四大平台针对的用户群体、运行模式、店铺分类、配售方式等各有特点。淘宝、京东和阿里巴巴是全国性销售模式，生鲜是地域性销售模式，由于食品保鲜性要求，一般按城市就近配送。以淘宝、阿里巴巴、京东和中粮我买网为载体进行海带电子商务情况调研和分析。

1　海带主营店铺与非主营店铺对比

以淘宝网作为零售平台的代表，以阿里巴巴作为批发平台的代表，按照地区统计了主营海带店铺与非主营海带店铺数量，进行分析。

1.1　海带零售电商分析

对淘宝网（含天猫网）销售海带的店铺数量按照主营海带的店铺和非主营海带的店铺分别进行了统计，并且按照海带的主要产区划分为山东、辽宁、福建和全国其他地区进行统计（表7.1、图7.1）。

表7.1　淘宝网销售海带的店铺数量表

省区	主营海带	非主营海带
山东	18	556
辽宁	6	188
福建	18	285
其他地区	36	10 694

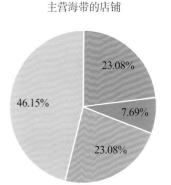

图7.1　淘宝网不同地区海带销售店铺比例图

山东主营海带的店铺数量为18家，辽宁主营海带的店铺数量为6家，福建主营海带的店铺数量为18家。3个海带主产区的主营海带店铺数量占据全国主营海带店铺数量的53.85%，其他地区为46.15%。全国非主营海带的店铺数量为11 723家，其中山东556家，辽宁188家，福建285家。三大海带主产区非主营海带店铺数量占全国的8.77%。全国其他地区非主营海带的店铺数量为10 694家，占全国的91.22%。整体而言，各省销售海带的店铺中主营海带的店铺比例较低，大多数销售海带的店铺仍然以多种海产品混合销售为主。福建、山东和辽宁3个海带主产区的海带网络销售主要以主营店的形式，而其他地区多是以非主营店形式进行销售。

按照月销量进行排名，以月销量1 500笔为基准，统计出销售海带的店铺月销量在1 500笔以上的主营海带的店铺数量和非主营海带的店铺数量（表7.2、图7.2）。

表7.2 不同地区月销量超1 500笔的店铺数量统计表

省区	主营海带	非主营海带
山东	5	47
辽宁	1	26
福建	4	19
其他地区	3	440

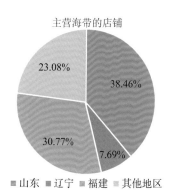

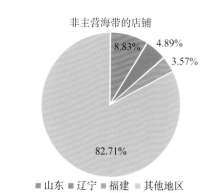

图7.2　月销量1 500笔以上的店铺占比分析图

月销量超1 500笔的主营店铺全国共有13家，其中福建有4家，山东5家，辽宁1家，其他地区3家。三大主产区月销量超1 500笔的主营店铺占据了全国的76.92%，其他地区仅有23.08%。全国非主营海带的店铺数量为532家，其中山东47家，辽宁26家，福建19家，其他地区440家。三大主产区月销量超1 500笔的非主营海带店铺仅占17.29%，其他地区占87.71%。

据以上数据分析，淘宝网（包括天猫网）月销量超1 500笔的主营海带店铺集中在山东和福建，而销量超1 500笔的非主营海带店铺集中在其他地区。

1.2　海带批发电商分析

按照阿里巴巴店铺中的生产加工型店铺和经销批发型店铺进行分类，按照店铺所在地区分为山东、辽宁、福建和其他地区（表7.3）。

表7.3　阿里巴巴不同地区生产加工型和经销批发型店铺数量统计表

省区	生产加工型店铺数量	经销批发型店铺数量
山东	60	86
辽宁	14	35
福建	236	83
其他地区	2 769	252

　　山东生产加工型店铺数量为60家，经销批发型店铺数量为86家；辽宁生产加工型店铺数量为14家，经销批发型店铺数量为35家；福建生产加工型店铺数量为236家，经销批发型店铺数量为83家；全国其他地区生产加工型店铺数量为2 769家，经销批发型店铺数量为252家。通过比较分析可知，福建的生产加工型店铺数量明显高于山东和辽宁，辽宁无论是生产加工型店铺数量还是经销批发型店铺数量都明显低于山东和福建。总体来讲，生产加工型的店铺数量远多于经销批发型的店铺数量，经过初级加工的海带仍然以自销为主。

　　按照年营业额进行排名，以年营业额1 000万元为基准，分别统计出生产加工型和经销批发型销售海带的店铺年营业额1 000万元以上的主营海带的店铺数量和非主营海带的店铺数量。

　　生产加工型店铺中，辽宁的海带加工生产主营店铺占比相对于山东和福建略微低一些，主营店铺占比约为16%；山东主营店铺占比约为25%；福建主营店铺占比约为29%。除去这3个主要省份，其他地区主营店铺占比很小，主要以非主营为主，多种产品混合加工（图7.3）。

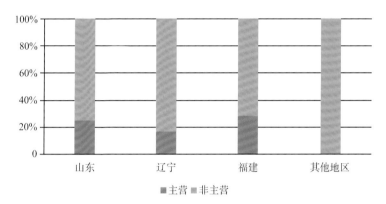

图7.3　阿里巴巴生产加工型主营与非主营店铺占比图

经销批发型店铺中，辽宁的海带经销批发型主营店铺占比相对于山东和福建也是最低的，约为9%；山东的海带经销批发型主营店铺占比约为29%；福建海带经销批发型主营店铺占比约为25%。山东和福建占比相近。除去这3个主要省份，其他地区主营店铺占比很小，主要以非主营为主，店铺同时批发多种产品（图7.4）。

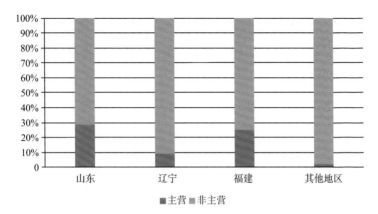

图7.4 阿里巴巴经销批发型主营与非主营店铺占比图

通过以上统计分析可知，阿里巴巴平台上福建省销售海带的店铺数量要高于其他两省。总体来讲，生产加工型店铺数量要远多于经销批发型店铺数量。此外，不管是生产加工型还是经销批发型店铺中，主营海带的店铺非常少，绝大多数店铺仍然以多种海产品混合销售为主。

2 海带与其他海产品的电商对比分析

统计海带与其他主要海产品的电商数据，将阿里巴巴平台上海带与其他海产品的店铺数量按地区进行了分类，分别进行比较；将京东平台上海带与其他主要海产品的品牌数量进行了比较；将中粮我买网平台上海带与其他主要海产品的产品数量进行了比较。

2.1　阿里巴巴各海产品店铺数量对比

阿里巴巴是国内最具有代表性的批发平台，通过统计阿里巴巴平台上销售裙带菜、紫菜、海参、鲍鱼、黄花鱼和带鱼的店铺数量，并分别与销售海带的店铺数量进行比较，进而比较海带与裙带菜、紫菜、海参、鲍鱼、黄花鱼、带鱼的市场占有率。

2.1.1　海带和裙带菜电商占比分析

在阿里巴巴平台搜索销售海带的店铺和销售裙带菜的店铺，并且按照山东、辽宁、福建以及其他地区进行分析（表7.4、图7.5）。

表7.4　阿里巴巴海带与裙带菜店铺的数量统计表

类别	山东	辽宁	福建	其他地区
裙带菜店铺	73	32	40	510
海带店铺	146	49	319	3 021

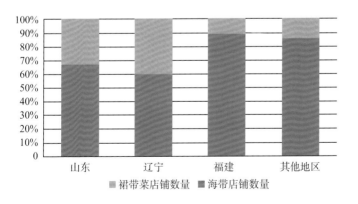

图7.5　阿里巴巴海带与裙带菜店铺数量占比图

阿里巴巴中，各地区销售海带的店铺数量均高于销售裙带菜的店铺数量。山东销售海带的店铺数量为裙带菜的2倍（海带146家，裙带菜73家），福建约为7.5倍（海带319家，裙带菜40家），辽宁两者店铺数量相差不大（海带49家，裙带菜32家），其他地区销售海带的店铺数量约为裙带菜的6倍（海带3 012家，裙带菜510家）。

2.1.2　海带和紫菜电商占比分析

在阿里巴巴平台搜索销售海带的店铺和销售紫菜的店铺，并且按照地区分成山东、辽宁、福建以及其他地区（表7.5、图7.6）。

表7.5　阿里巴巴海带与紫菜店铺的数量统计表

类别	山东	辽宁	福建	其他地区
紫菜店铺	114	25	80	1 160
海带店铺	146	49	319	3 021

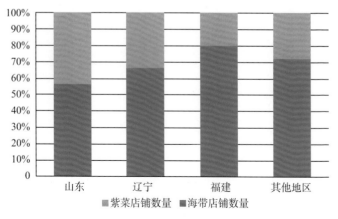

图7.6　阿里巴巴海带与紫菜店铺数量占比图

　　阿里巴巴中，各地区的海带店铺数量与紫菜店铺相比，同样是海带销售店铺高于紫菜。山东销售海带的店铺数略高于销售紫菜的店铺数量（海带146家，紫菜114家），福建销售海带的店铺数量约为紫菜的4倍（海带319家，紫菜80家），辽宁销售海带的店铺数量约为紫菜的2倍（海带49家，紫菜25家）。其他地区销售海带的店铺数量约为紫菜的2.5倍（海带3 012家，裙带菜1 160家）。

2.1.3　海带和鲍电商占比分析

　　在阿里巴巴平台搜索销售海带的店铺和销售鲍的店铺，并且按照地区分成山东、辽宁、福建以及其他地区（表7.6、图7.7）。

表7.6　阿里巴巴海带与鲍店铺的数量统计表

类别	山东	辽宁	福建	其他地区
鲍店铺	89	20	45	877
海带店铺	146	49	319	3 021

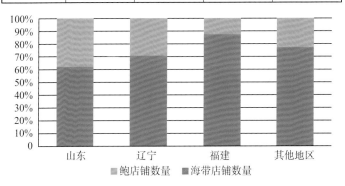

图7.7　阿里巴巴海带与鲍店铺数量占比

除了与藻类产品对比之外，还将销售海带的店铺数量与销售鲍的店铺数量进行了比较。比较结果发现，仍然是各地区销售海带的店铺数量高于销售鲍的店铺数量。山东销售海带的店铺数量约为销售鲍的店铺数量的1.5倍（海带146家，鲍89家），福建销售海带的店铺数量约为鲍的7倍（海带319家，鲍45家），辽宁销售海带的店铺数量约为鲍的2倍（海带49家，鲍20家），其他地区销售海带的店铺数量约为鲍的3.5倍（海带3 012家，鲍877家）。

2.1.4 海带和海参电商占比分析

在阿里巴巴平台搜索销售海带的店铺和销售海参的店铺，并且按照地区分成山东、辽宁、福建以及其他地区（表7.7、图7.8）。

表7.7 阿里巴巴海带与海参店铺的数量统计表

类别	山东	辽宁	福建	其他地区
海参店铺数	165	45	57	1 059
海带店铺数	146	49	319	3 021

山东销售海带的店铺数量比销售海参的店铺数量少（海带146家，海参165家）。辽宁销售海带的店铺数量与

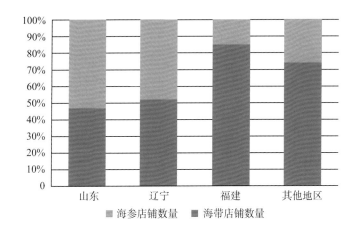

图7.8　阿里巴巴海带与海参店铺数量占比图

销售海参的店铺数量基本相同（海带49家，海参45家）。福建销售海带的店铺数量仍然远高于销售鲍的店铺数量（海带319家，海参57家）。其他地区同样是销售海带的店铺数量远高于销售海参的店铺数量（海带3 021家，海参1 059家）。

2.1.5　海带和黄花鱼电商占比分析

在阿里巴巴平台搜索销售海带的店铺和销售黄花鱼的店铺，并且按照地区分成山东、辽宁、福建以及其他地区（表7.8、图7.9）。

表7.8　阿里巴巴海带与黄花鱼店铺的数量统计表

类别	山东	辽宁	福建	其他地区
黄花鱼店铺	86	16	75	553
海带店铺	146	49	319	3 021

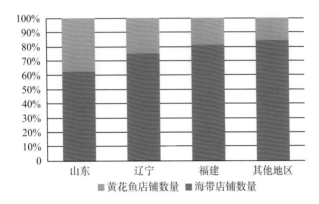

图7.9　阿里巴巴海带与黄花鱼店铺数量占比图

　　黄花鱼是较为受欢迎的海洋鱼类代表之一。总体来看，阿里巴巴中，全国各地区销售海带的店铺数量远高于销售黄花鱼的店铺数量。其中，山东销售海带的店铺数量约为销售黄花鱼的店铺数量的1.6倍（海带146家，黄花鱼86家）。辽宁销售海带的店铺数量约是销售黄花鱼的店铺数量的3倍（海带49家，黄花鱼16家）。福建销售海带的店铺数量仍然远高于销售黄花鱼的店铺数量，约为4倍（海带319家，黄花鱼75家）。其他地区同样是销售海带的店铺数量远高于销售黄花鱼的店铺数量（海带3 021家，黄花鱼553家）。

2.1.6　海带和带鱼电商占比分析

在阿里巴巴平台搜索销售海带的店铺和销售带鱼的店铺，并且按照地区分成山东、辽宁、福建以及其他地区（表7.9、图7.10）。

表7.9　阿里巴巴海带与黄花鱼店铺的数量统计表

类别	山东	辽宁	福建	其他地区
带鱼店铺	98	34	53	60
海带店铺	146	49	319	3 021

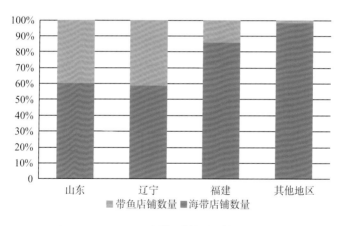

图7.10　阿里巴巴海带与带鱼店铺数量占比图

带鱼是另外一类较为受欢迎的海洋鱼类。山东销售海带的店铺数量所占比例与辽宁相似，均占本省的58%左右（带鱼约占42%）。福建销售海带的店铺数量仍然远高于销售带鱼的店铺数量，海带店铺数约占本省的85%（带鱼15%）。其他地区销售带鱼的店铺数量仅占约3%，销售海带的店铺数约占97%。

2.2 京东海产品品牌数量对比

京东水产品销售主要以品牌产品为主。统计京东销售海带、紫菜、裙带菜、海参、鲍鱼、黄花鱼和带鱼的品牌数量和占比（表7.10、图7.11）。

表7.10 京东不同种类海产品品牌数量统计表

海产品	海带	紫菜	裙带菜	海参	鲍鱼	黄花鱼	带鱼
品牌数量	274	334	192	325	176	162	132

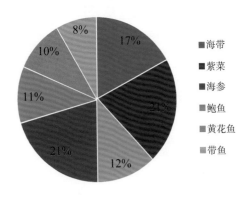

图7.11 京东不同种类海产品品牌占比图

　　京东平台上销售紫菜和海参的品牌数量最多，分别为334家和325家，占比均约为21%，基本持平；销售海带的品牌数量为274家，占比约为17%，排名第三；销售裙带菜、鲍鱼、黄花鱼和带鱼的品牌数量较少，分别为192家、176家、162家和132家，占比分别约为12%、11%、10%和8%。

2.3　中粮我买网各海产品品牌数量对比

　　中粮我买网更具有地域性特征。以山东青岛市为基准统计出不同种类海产品品牌的数量和占比（表7.11、图7.12）。

表7.11　中粮我买网不同种类海产品品牌数量统计表

海产品	海带	紫菜	裙带菜	海参	鲍鱼	黄花鱼	带鱼
品牌数量	11	14	2	43	9	23	12

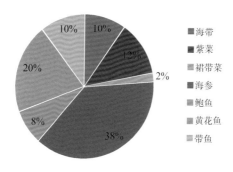

图7.12　中粮我买网不同种类海产品品牌占比图

中粮我买网上统计的7种海产品中，海参品牌数量最多，为43个，占比约为38%；其次是黄花鱼，为23个，占比约为20%；紫菜品牌数量为14，占比约为12%；带鱼品牌数量为12个，海带品牌数量为11个，占比均约为10%；鲍鱼品牌数量为9个，占比约为8%；裙带菜的品牌数量最少，为2个，占比约为2%。由此可见，青岛地区销售海带的店铺数量较少，这与青岛地区并非山东海带主产区有较大的关系。

3　海带加工企业电商销售情况

选取了6家大型海带加工企业，统计了企业的电商开展情况，并在淘宝平台上对品牌和无品牌海带的销售额进行了统计。

3.1　海带加工企业电商注册情况

调研企业均位于海带主产区福建（3家）和山东（3家），参与调研的大型企业均已开展了网络销售，销售平台主要以淘宝和阿里巴巴为主，其中有4家企业在上述两个平台均设立了店铺。调研的6家企业在京东和中粮我买网等平台上均未设立店铺。

3.2　海带电商的销售情况分析

品牌店铺是指专门销售已获得品牌商标的海产品的店铺；无品牌店铺则是指虽然销售海带且销售额比较大，但是主营其他产品，海带只占很少份额的店铺。据调查，淘宝店铺用户自搜索海带的年销售额大概在2 000万元左右。

3.3　品牌海带电商销售情况

据调研，大多数海带加工企业的淘宝开店时间约为1年。不同企业的淘宝店销售额之间有较大差异，年销售额达到100万元以上的品牌电商仅有3家。此外，阿里巴巴是很多公司B2B交易的重要平台之一，除去公司长久以来建立的交易关系，阿里巴巴也可以作为公司之间合作的桥梁。但是许多公司在阿里巴巴的销售状况并不理想：虽然大都开展了阿里巴巴的平台，但是销售量基本接近零；或者虽然有店铺但是店铺内没有商品。

3.4　无品牌海带电商销售情况

在无品牌店铺中，销售额排名前5位的淘宝店铺分别为卫龙食品旗舰店、盛源来食品专营店、麻辣多拿旗舰店、航成食品专营店和蔡林记旗舰店（表7.12）。这5家店铺内所销售的海带产品形式较为单一，主要为即食海带丝。而品牌店铺内的海带产品形式较丰富，包含海带结、小海带以及即食海带等。

表7.12　无品牌店铺销售额统计表

店铺名称	卫龙食品旗舰店	盛源来食品专营店	麻辣多拿旗舰店	航成食品专营店	蔡林记旗舰店
年销售额	>157万	>250万	>124万	>80万	>65万

4　海带电商销售代表性案例分析

海带养殖和加工存在季节性变化。为分析养殖和加工的季节性变化是否会影响网络销售，对海带产品形式和月销售额进行了统计分析。

4.1　价格变化

淘宝店铺的几种海带产品在全年都使用了相同价格，一年中的单价稳定，不存在季节性变化（表7.13）。

表7.13　2017年度淘宝店铺几种海带产品的价格统计表

产品名称	单价/元
500克海带结	58
500克圆饼海带丝	35

续表

产品名称	单价/元
500克海带茎	68
500克海带结	50
50克海带结	9.9
50克海带丝	9.9
80克海带片	12.5
400克海带丝	40

从阿里巴巴店铺来看，几种海带产品一年中的单价也是稳定的，不存在季节性变化（表7.14）。

表7.14　2017年度阿里巴巴几种海带产品的价格统计表

产品名称	单价/元
8千克海带结	520
8千克海带片	360
4千克海带茎	360
6千克圆饼海带丝	300
50克海带丝	4

4.2　销售量变化

不同月份，海带产品的价格有一定的波动。每年的11月到次年的3月，各产品价格总体处于下降的趋势。在海带收获的季节（4～8月），淘宝各种海带产品销量总体上比11月至次年3月高。尤其是50克海带丝的月销售量持续上升。10月之后，各类海带产品的月销售量又开始新一轮的下降（图7.13）。这一销量变化在一定程度上与海带的生长周期有关。

阿里巴巴是批发电商平台的代表。阿里巴巴平台的销售特点是批发量大、价格高。从销量的趋势来看，从1月到3月，大部分海带产品的月销量呈下降趋势。自4月开始，各产品的月销量又开始增加，随后各月份销售量虽有波动，但波动不大。到8月份左右，大部分产品月销量又呈现下降趋势（图7.14）。总体来讲，阿里巴巴平台的海带产品销售量也与海带的生长周期保持基本一致。

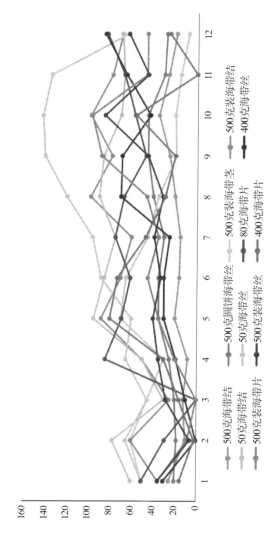

图7.13 2017年度淘宝各月海带产品销量图

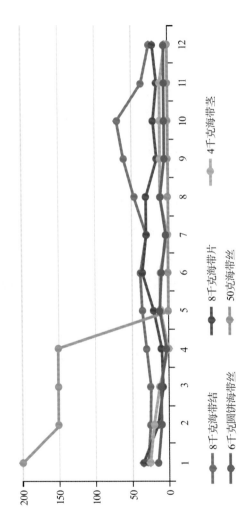

图7.14 2017年度阿里巴巴各月海带产品销量

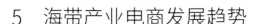

5　海带产业电商发展趋势

通过对海带主产区福建省和山东省的多家海带生产加工企业进行调研发现，目前，大多数的海带生产加工企业仍然以批发和零售为主，利用网络电商平台进行销售仍处于起步阶段，电商销售额在企业年营业额中占比较小。

网络电商销售作为时下火热的销售模式，备受消费者青睐。不仅打破了以往的批发和固定零售模式，拉近了企业与消费者的直线距离，而且突破了地区限制，转而将产品销售给全国各地的消费者。作为一种新业态和新型营销方式，海带电商具有巨大的发展潜力。目前海带产品电商数量较少，具有较大的发展空间。尽管相对于其他商品而言，海带价格较低会导致物流成本、电商运营成本侵蚀海带销售利润，但结合优质的品牌建设以及精细包装的改进，海带电商将进一步带动和提升海带产业的快速发展。

第八篇　2019海带产业发展展望

1　存在问题

2018年度，中国海带产业深受环保、国内市场与国际贸易等多方面因素影响，在育苗、养殖和加工的全产业链条均受到不同程度的影响。由于海带产业从本质上来讲仍然属于农业产业，其发展必然深受资源、环境、管理等多方面的制约，当前海带产业存在的难题，实际上仍体现出产业发展缺乏有效监督管理和规划、前期无序发展以及产业技术和产品创新不足而导致的产业结构问题。

1.1　苗种产业

1.1.1　海带苗种生产过剩，效益下降严重

中国海带苗种产业自20世纪50年代发展至今，从早期的山东省扩展到江苏省、浙江省、福建省，支撑了中国第一次海水养殖浪潮——海带养殖业的兴起和发展。20世纪90年代末期，经历了苗种产业收缩发展的阶段，至

21世纪初期，仅有山东省和福建省海带苗种产业得到了保留。2010年以来，又经历了新一轮的苗种企业扩展，仅2017～2018年，辽宁省、山东省和福建省新建海带育苗场3家。目前，中国现有25家海带育苗企业，按照其全部生产的单一批次产能为54.5万帘，最多能够满足中国100万亩养殖苗种需求，而中国现有海带养殖面积为64万～65万亩，苗种繁育产能超过了实际养殖需求。2018年度，受福建省和山东省实施养殖水域滩涂规划的影响，海带苗种的需求进一步降低。2018年度，在2家育苗场停产以及1～2家育苗场苗种质量不合格的情况下，仍然出现了苗种过剩问题，实际销售苗种仅占总生产规模的2/3，导致部分地区苗种价格大幅度下降，从之前个别企业亏损的情况发展为多年未见的普遍亏损，产业效益较2017年降低了26.3%。"粮以种为先"，海带种业产业量效下滑的问题必将进一步深刻地影响未来中国海带产业的整体发展形势。

1.1.2 海带良种覆盖率仍有待进一步提升

高产和抗逆品种是海带产业发展的重要基础。中国自1997年实行水产新品种审定制度以来，先后培育出了10个海带国家水产新品种，其中2003年以来审定的新品种多达9个，但相对而言，部分新品种存在着制种设施与技术条件要求高、适宜养殖区域有限、加工利用方式单一等问题，导致使用寿命较短。目前，仅有"三海""爱伦

湾""205""东方7号""黄官"几个海带新品种在大规
模繁育和养殖，不能满足中国南北方不同区域养殖产业的
良种需求。调研和形态观测发现，多数企业使用的海带仍
属于养殖群体，优良品种和改良品系的覆盖率仅约45%。
同时，企业缺乏亲本选育和制种的技术指导与培训，北方
地区多品种同期育苗的生产操作已导致部分品种遗传混杂
明显的问题。海带抗逆和高产良种及其制种繁育能力仍不
能充分满足国内养殖业的需求。

1.1.3 海带苗种生产质量不稳定

海带苗种繁育期间的病害主要为生理性病害，多数
为采苗密度过大、环境光照过强或育苗水质差等导致的病
害。近年来，北方地区常发病害为白尖病，而南方地区则
易发生苗种下海后脱苗的问题。2017年度和2018年度，中
国分别有4家企业出现了不同程度的苗种质量问题，但因苗
种生产规模远超过实际需求，因而未对养殖业造成影响。
同时，海带苗种质量问题也与企业技术人员缺乏技术培训
与指导以及企业缺少实用性的病害防控技术措施等问题有
关。从整体来看，中国海带苗种繁育企业多数缺乏自主创
新能力，且存在着与教育科研机构联系不紧密、缺乏行业
内技术交流等问题，技术创新信心与勇气不足，尤其是北
方地区苗种繁育技术革新缓慢；同时受生产效益不高的制
约，在育苗基质改变、育苗设施维护等方面推动不足，多

数企业生产设施老化严重，也对苗种质量带来了较大的生产隐患。

1.2　养殖产业

1.2.1　养殖业受国家和地方管理制约

近年来受下游加工业环保督察管理工作的影响，部分地区大幅度减少了煮烫海带加工生产，因缺乏仓储能力以及资金周转问题，对南北方养殖海带生产影响较大，进一步制约了海带养殖规模的发展。同时，受"十三五"养殖水域滩涂规划将部分近岸水域划入禁养和限养区的政策的影响，截至2018年12月，福建省清退海水养殖面积达26.8万亩，其中包括连江县和霞浦县两个海带主产地区。山东省也启动了相关工作，2018年度山东省荣成市清退筏式养殖面积2.6万亩。因2018年度海带养殖已于夏季结束，上述养殖海域清理工作将直接影响2019年度的海带养殖业，并实际上已造成2018年秋季海带苗种滞销的问题。养殖海域面积的减少将直接影响到中国海带产业的整体发展形势，同时，部分海域清理也将导致相关从业人员"政策性失业"，如缺乏有效的转产转业扶持等帮扶工作，将易导致"新贫困"问题。

部分地区养殖海域管理机制不健全。中国海带养殖产业在南北方呈现出迥异的生产组织方式：北方地区的山东省和辽宁省是以公司化经营为主，养殖面积通常超过百亩，并且还有若干养殖面积为5 000亩以上的养殖龙头企业；南方地区的福建省和浙江省则体现出千家万户的个体养殖生产格局，平均每户养殖面积仅有几亩，很少有超过百亩的养殖大户。与这两种生产组织方式相适应的，是养殖海域使用证的归属管理问题。北方地区的养殖企业全部拥有确权海域的使用证，而南方地区的养殖户则通常没有海域使用证，或者是承包村集体的确权海域。养殖海域的确权是深刻影响到企业生产经营和个人生产收益的关键问题，也是关系到海带养殖业可持续发展的核心问题。

1.2.2 养殖设施化水平不足

中国海带养殖产业仍沿用筏式养殖技术，虽然在平养养殖方式、塑料浮球革新、养殖绳索材质改进等方面得到了较大的发展，但仍存在着区域不平衡的问题。福建省和浙江省地区仍然大量使用易破碎和分解的泡沫浮子，以及便于布放和回收的简易浮筏，养殖器材成本低，但耗损率高。福建省及其地方政府部门已准备开展相关的养殖设施改造工作，但由于改造工作量庞大，且推行外海区养殖缺乏现行可用的技术与设施，整体改造工作将可能持续较长时间。尽管北方地区设施水平优于南方地区，但相对而言，公司化养殖生产的管理成本和雇工成本较高，受海带价格和市场因素影响，养殖企业效益降低。2018年度全国海带养殖产量较2017年度增加了2.6%,养殖整体效益却降低了12.0%。在未来社会消费结构调整、人口老龄化等问题影响下,提高养殖设施的机械化程度和开展轻简式养殖具有十分重要的意义。

1.2.3 缺乏规范化养殖技术支撑

由于沿海开发导致的海流变化以及近岸局部地区污染等问题,传统的内外海区生产力逐渐降低;同时出于养殖增产的角度开展的密集养殖,也进一步导致整体区域养殖产量下降;且水流不畅导致近岸水温波动较大、藻体附生泥沙和敌害生物较多、藻体腐烂脱落较重等问题,严重影响后续加工品质,造成养殖效益低下。尽管部分地区已开展了增加筏间距和养殖绳间距、降低夹苗密度的低密度养殖实验,但仍缺乏全面的测试和验证。同时受养殖雇工难、养殖规模庞大等问题影响,短时间里尚无法有效解决当前面临的内区养殖产量下降的难题。多数地区的外海区养殖几乎属于空白,由于缺乏抗风浪设施建造技术、外海区高效养殖技术等支撑,外海区养殖成本和风险较高,生产企业和养殖户积极性不高,政府也缺乏对外海区养殖技术推广和养殖设施建造的资金投入。南北方地区养殖筏架构造缺乏技术普及和推广,建造随意性较强,各个省、各个地区,甚至同一海区的标准也不统一。单位养殖面积内养殖密度从200~1 200绳/亩不等,养殖绳长度从2米至8

米不等，无法实现标准化和规范化养殖，同时也对养殖及海域管理、渔业统计管理造成较大困难。此外，养殖工人和养殖户对新型养殖技术缺乏了解，基层培训和职业再教育工作仍有待加强。

1.3 加工业

1.3.1 精细加工和精深加工装备与产品开发不足

淡干海带加工的晾晒过程需要耗费巨大的人力和物力，还要占用大量的土地。在劳动力短缺的大背景下，海带加工生产一方面面临着生产成本侵蚀利润的难题，一方面又面临着后继无人的尴尬境地，进行自动化作业机械装备研究与开发迫在眉睫。海带食品加工业仍以粗制的初级食品海带为主要产品。产品结构单一，造成海带产品价格低廉。企业缺少对深加工理念的认识，也缺少对市场的调研和对精深加工产品的研发投入，同时，以教育科研机构为主体的精深加工产品开发和生产技术能力不能满足加工业发展的需求。海带化工高端产品少，生产的褐藻胶及其盐制品、海带液仍属于低端的初级化工产品，功能食品级、医药级等高端产品少。国际顶级的褐藻加工企业食品级和医药级产品占总产量的75%；中国食品级及医药级产品为8 000吨左右，仅占总产量的23%。

1.3.2 产业区域分布不均衡

南北方产业布局和结构不合理。2018年度福建省海带产量为500万吨，占全国的58%，位居第一，但海带盐渍食品加工能力仅为国内第二位。较山东省而言，其大量的养殖产品仍被直接用于海区养殖海参和鲍的饲料。同时，福建省海带加工行业仍是以淡干海带和盐渍食品的初级加工为主体，加工产品大多是仅改变外观形状的粗加工，烘干海带产品的产量仍显不足，产业占比低，精深加工尚未形成规模，在海藻化工、海藻肥料以及医药领域仍然空白。在加工业企业规模和能力方面，仍然是以作坊式个体经营较多，龙头企业和规模化企业数量少。福建省1 000余家海带食品加工企业集中在福州市、宁德市，但作为重要养殖优势区域的莆田地区目前还没有专门从事海带加工的企业，在沙土地晾晒的淡干海带含泥沙多、品质低且价格差，加工产业发展不足以及不均衡等问题已制约了产业发展。

1.3.3 节能减排转型发展艰巨

中国海藻加工业仍延续着传统的加工模式，能耗高、耗水量大、污染严重。海藻加工企业集中的山东半岛地区淡水资源缺乏。据统计，按照传统加工生产工艺，生产1吨海藻酸钠需要消耗1 000多吨淡水和大量的煤炭、酸、碱等。海带盐渍加工所产生的废水难以回收利用，大都直接排放，不仅造成了资源浪费，也带来了严重的海洋环境污染问题。近年来，随着国家环保督察工作的深入开展及其后续整治工作的实施，地方行政管理大力推进了"海带煮烫废水排放"整改、"煤改气"等工作。现有废水处理工艺和装置的处理效率低且投入和运行成本高，难以满足大量加工生产的需求，并增加了企业的生产成本。国内燃气、纯碱等传统能源和化工行业提高产品价格，导致海带加工生产的原材料和燃料等动力成本大幅度上升，压缩了产品利润空间，致使企业缺乏自主开展设备升级改造的资金。产业节能减排转型发展仍需要政府政策支持和良好的市场环境。

1.4 市场与销售

1.4.1 缺乏新型营销模式和理念

目前，还没有专业的海带产品批发市场。海带产品主要依靠生产单位和个人推销出售，即使是龙头加工企业也没有较为系统地建立营销队伍。海带产业企业和个人仍然是"生产型"，尚未完成向"产销一体化"转型发展。主要销售方式仍然是传统客户订单生产、省区代理商营销等松散模式，产品销售渠道不宽，经常造成产品积压滞销；没有产品定价权，产品赊销欠款十分普遍，相互压价，销售市场比较混乱。全国1 460家海带食品加工企业中多数仍未开展电商销售，尽管部分龙头企业已建立了电商平台店铺，但由于缺乏品牌效应，以及消费者对优质海带产品认知水平不高、邮寄费高于商品价格等问题的影响，销售额

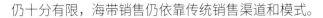

仍十分有限，海带销售仍依靠传统销售渠道和模式。

1.4.2　品牌建设不足

海带市场品牌仍然没有完全确立，多数海带产品仍缺乏在全国范围内的宣传和推介，产品知名度十分有限，受终端销售方式、产品类型限制，产品消费者群体固化，急需打开新型消费者群体市场。国内1 460家海带食品加工企业仅有78家直销店，而同期非主营海带产品的电商则多达11 723家，且主要分布在非海带主产区，十分不利于海带产品品牌的建设。

1.4.3　国内传统消费市场饱和

受海参、鲍养殖业下滑等因素的影响，饲料海带使用量的降低在一定程度上导致了阶段性海带产能过剩。海带食品加工产品仍以初加工品食材为主，包装量过大，且多数产品烹饪过程复杂，难以满足青年消费群体的需求。海带医药和功能性食品的开发针对性不强且宣传不足，面向医药和保健等高端市场的精深加工产品极少，未能发挥海带中岩藻多糖硫酸酯、岩藻黄素、膳食纤维等功能性成分的特性，上述生物医药产品产量仅占精深加工产品的0.026%。急需调整产业产品结构，改变目前海带产业"头重脚轻"的局面，生产出更多满足消费者需求的产品。

1.4.4　国际市场开拓不足

由于中美贸易战原因，大批国外客户处于观望状态，欧美客户订单大幅降低，国外出口订单量较去年同比大幅度下降。下游客户出口量锐减，造成产能过剩，各下游企业纷纷降低产量，造成国内市场对海藻酸盐需求严重不足，纷纷降低和取消订单，导致产业效益降低并进一步传导至上游养殖和苗种繁育产业。同时，自20世纪80年代至今仍未解决对日本出口海带配额制问题，每年出口总量仅为1 000吨，无法开拓日本市场的巨大空间。急需进一步开拓海带各类产品的国际市场。例如，海带出口价格可达到7美元/千克，国内市场价格仅为14元（人民币）/千克。扩大出口市场既可有效缓解国内市场饱和的现状，又可大幅度提升产业效益。

2　发展趋势

2018年度，尽管受到养殖水域滩涂规划、环保督察等政策影响，以及中美关税谈判、国内消费转型发展等市场因素影响，全国鲜海带产量仍达到862.4万吨，较2017年度增加了2.6%，持续保持着良好的生产态势。

2.1　2019年生产形势严峻

受全国海带养殖面积缩减、海带苗种产能过剩等客观问题影响，以及劳动力短缺及雇工成本上涨等因素影响，全国海带生产仍面临着较为严峻的挑战。2019年度，预计全国海带苗种产量仍处于下滑阶段，且受产能严重过剩影响，海带苗种产业产值预计仍处于低谷。尽管受海带养殖面积下降影响，海带养殖产量有极大可能出现下降，但仍可充分保证在食品和化工加工的应用需求。同时，海带食品原料价格多年来一致持续保持在低位，但国内食品消费市场仍然稳定，2019年产量减少，预计海带食品加工品的销售价格将有望回升，并进一步带动提升海带养殖和加工业整体效益。

2.2　长期发展前景良好

从国际海带产业的角度来看，适宜海带生长的水域主要集中在北半球温带至冷水性海域。同纬度的欧美发达国家人口稀少且劳动力成本过高；日本、韩国等传统养殖国家面临着严峻的劳动力老龄化问题，海带年产量急剧下降；朝鲜海带产业刚刚起步，但养殖环境空间有限，无法支撑全球海带生产。因此，国际海带产业的问题必然依赖中国解决。中国海带产业未来的国际地位将是从"支配性"发展至"依赖性"。

海带作为一种营养均衡且具有独特生物活性成分的食用海藻，全部产量的全国人均占有量仅有6千克，仅为全国人均蔬菜占有量的1%，消费市场巨大。同时，海带作为一种药食同源食品，在辅助治疗心血管疾病、降低糖类吸收等方面具有重要的食疗功效，将在解决青少年肥胖、老年易患疾病等重大国计民生问题方面发挥重要的作用。因此，从长期来看，中国海带产业仍具有广阔的发展前景。

2.3 发展潜力巨大

中国海域辽阔，具有丰富的海洋资源。中共十八大提出建设海洋强国，提高海洋资源开发能力，发展海洋经济。国家发改委等单位联合印发的《全国海洋经济发展"十三五"规划》，强调优化海洋经济发展布局，推进海洋产业优化升级，促进海洋经济创新发展。海带产业作为海洋经济重要组成部分之一，同时也是国家乡村振兴战略的重要支撑之一，具有良好的政策保障。

尽管受到养殖水域滩涂规划影响，目前海带养殖面积出现了下降，但相对而言，中国适宜养殖海带的外海区空间仍然十分巨大。根据估测，全国具有潜在进行海带增养殖海域空间约为64万公顷，是当前海带养殖总面积的14倍，养殖发展空间潜力巨大。当前海带产品价格偏低和效益不足，导致了新技术、新工艺、新装备和新模式无法大规模应用。从产业质量效益着手，通过科学技术进一步提升产品质量和利润，解决当前面临的生产成本和技术设施投入等产业内在问题，合理统筹和规划未来海带产业格局和产能，更好地实现产业整体的提质增效，从而实现产业转型升级发展。

3　发展建议

海带产业发展对国家安全、人民健康、海洋产业发展以及现代渔业建设做出了重要的贡献，并且海带作为大宗农业产品之一，是中国渔业产业的重要组成部分，是中国对全球渔业最具贡献价值的种类。海带作为全部水产品中产业链条最长、产品加工和应用领域最广泛的种类，对于绿色渔业发展、海洋强国战略、生物医药产业发展等具有十分重要的地位。同时，海带养殖生产可大量固定二氧化碳并转化海水中的富营养化元素，具有良好的生态效益。

3.1　积极推动绿色发展和渔业乡村振兴

FAO指出："海洋双壳类和海藻有时也称为获取性物种。获取性物种可通过去除废物（包括投喂性物种产生的废物）并降低水中养分负荷改善环境。在水产养殖发展中，鼓励在同一海水养殖站场同时养殖获取性和投喂性品种。"应进一步评价和应用中国海带养殖对固碳、清除转化水体氮、磷等生态功能和环境价值，落实政府渔业补贴、生态补偿金和绿色产业扶持机制，加强海带增养殖在海洋牧场建设、海洋生态修复与保护等重大工程中的应用。充分发挥海带生产保障现有148万渔业人口就业的社会功能，促进海带养殖作为低投入、稳定收益行业对于解决沿海贫困家庭精准长效脱贫的作用，充分发挥海带产业对 1 000 余个沿海乡村振兴的重要作用。

3.2　加强产业科技创新与示范应用能力

针对中国海带产业存在的良种覆盖率低、劳动强度大且用工成本高、海带精深加工产品数量少等产业科技问题，建议加强各级政府的科技投入，重点解决海带优质抗逆良种的培育、外海区养殖设施与技术研发、机械化采收与加工装备研制、海带产品质量安全检测与健康评价、海带精深加工产品研发等产业重大科技瓶颈问题；加强政府资金项目的引导示范，积极通过产学研联合，实施海带良种制种与高效繁育、规范化养殖、"一二三产融合"等技术示范工程，进一步推动产业转型升级发展。

3.3　积极拓展国内外市场

基于产业转型升级发展的内在需求，加强产业单位与农业农村部、自然资源部、卫生健康部、生态环境部、商务部等管理部门的沟通，积极拓展海带产业的国内外市场。加强食用海带产品对人体健康有益的科技普及工作，拓展海带食品在减少糖分吸收、防治心血管疾病等方面的应用；加强对日本出口配额谈判以及组织参与国际商品展会，积极扩大国际市场。

3.4　推行规范化和标准化生产

基于保障产业健康发展的重大需求，加强海带产业标准化建设发展工作。推动渔业统计单位和方式转变，养殖苗种从"亿株"到"帘"或"有效苗种数量"，养殖产量从"干重"到"鲜重"，养殖面积从"养殖绳长度"到"养殖水面面积"的转变，提高管理科学和规范性，提升产业引导能力。结合养殖水域滩涂规划工作，科学规范海区布局，积极推进海域使用权证和浅海滩涂养殖证发放工作。进一步通过科技研究带动海带的标准化养殖，有效改善养殖环境并提高产量和品质，促进产业的健康发展。开展渔民和基层科技人员的培训，推行和普及新技术与新模式，保障产业可持续健康发展。

3.5　加强产业组织工作

针对海带产业组织化程度低的行业自律问题，加强协会、学会等各类民间组织工作，密切联系产业单位与管理部门，推动落实促进产业发展政策和措施，解决产业发展中企业和渔民存在的切实问题。加强社团标准、规范的制定和实施工作，进一步梳理和指导产业的生产，加强产业调研和统计工作，提升产业内部凝聚力，与各级政府部门联合，规范海带育苗、养殖、加工、销售市场，提升产业的组织能力。